普通高等教育 软件工程 "十二五"规划教材　全国统编教材

12th Five-Year Plan Textbooks
of Software Engineering

PHP网站开发实用技术

陆凯 ◎ 主编

李湘一 焦慧华 ◎ 副主编

人民邮电出版社
北京

图书在版编目（CIP）数据

PHP网站开发实用技术 / 陆凯主编. -- 北京：人民邮电出版社，2016.6（2022.1重印）
普通高等教育软件工程"十二五"规划教材
ISBN 978-7-115-42179-1

Ⅰ．①P… Ⅱ．①陆… Ⅲ．①PHP语言－程序设计－高等学校－教材 Ⅳ．①TP312

中国版本图书馆CIP数据核字(2016)第077389号

内 容 提 要

本书以"PHP 基本知识→PHP 基础编程→MySQL→数据库编程与管理→PHP 高级编程 CMS 综合开发实例"为主线，采用从知识点讲解到实例操作的组织形式，由易到难、由浅入深、循序渐进、全面系统地讲述了使用 PHP 技术开发动态网站的相关知识。

全书共 10 章，通过 200 个完整小实例和 1 个新闻发布系统综合开发实例（源代码可下载），详细介绍了 PHP 动态网站开发中环境安装与配置、前台开发技术（HTML5+CSS 3.0）、PHP 语言基础、PHP 常用函数与数组、文件与目录操作、数据库编程与数据库可视化管理工具（MySQL-Front）、字符串处理与正则表达式、面向对象编程等知识与技能。本书结构合理，内容丰富实用，操作步骤清晰，注重实践与开发技能的培养，并且每章辅以适当的习题供读者复习和自我测试之用。

本书可作为高等院校相关专业动态网站开发的教材，也可供 PHP 动态网站开发初学者与 Web 应用开发人员学习使用。

◆ 主　编　陆　凯
　副主编　李湘一　焦慧华
　责任编辑　邹文波
　责任印制　彭志环

◆ 人民邮电出版社出版发行　北京市丰台区成寿寺路 11 号
　邮编　100164　电子邮件　315@ptpress.com.cn
　网址　http://www.ptpress.com.cn
　北京天宇星印刷厂印刷

◆ 开本：787×1092　1/16
　印张：13　　　　　　　2016 年 6 月第 1 版
　字数：332 千字　　　　2022 年 1 月北京第 5 次印刷

定价：36.00 元

读者服务热线：(010)81055256　印装质量热线：(010)81055316
反盗版热线：(010)81055315

前言

PHP（Hypertext Preprocessor）是被广泛运用在 Web 程序开发中的技术，适用于网页程序的开发并能够嵌入 HTML 文件之中，它的语法和 C、Java 及 Perl 等语言的语法相似，易于学习和使用。PHP 语言具有开放性源代码、跨平台性强、面向对象编程、执行效率高等特点，而且具有强大的图像处理和数据库访问功能，因而 PHP 在众多动态网站开发技术中（ASP、JSP、.NET）独树一帜，经久不衰。对于企业和个人，学习和使用 PHP 是一个很好的选择。

本书是校企合作共同开发的成果，体现了"工学结合，产学合作"。全书由具有多年一线教学经验的教师和企业资深网站开发人员共同编写。内容安排上遵循由浅入深、循序渐进的原则，切实做到内容全面、重点突出、实例丰富、步骤清晰、图文并茂，并力求把理论知识融入到实践之中，从而适应"教、学、做"一体化情景教学。全书基于 PHP+MySQL+Apache 平台，通过各种典型、实用的案例来详细剖析 PHP 动态网站开发中的基本知识和技能技巧，并辅以适当的 PHP 高级编程技术，使读者能够全面掌握并运用所学知识技能进行动态网站开发。

全书共 10 章，通过 200 个完整小实例和 1 个新闻发布系统综合开发实例，详细介绍了使用 PHP 技术开发动态网站所需的知识与技术。其中，第 1、2 章重点讲解了 PHP 开发组件 PHP+MySQL+Apache 的安装与配置，并介绍了前台开发技术（HTML5+CSS 3.0）基础知识；第 3～5 章重点通过典型实例讲解了 PHP 常用技术，主要包括 PHP 基础知识、数据类型、变量和常量、运算符与流程控制语句、PHP 常用函数与数组基础知识、文件与目录操作等 PHP 开发必备的基础知识；第 6、7 章讲解了数据库编程，主要包括对数据库连接、增、删、改、读与查询等操作，并重点讲解了 MySQL 可视化管理工具 MySQL-Front 等 PHP 开发核心技术；第 8、9 章主要讲解了字符串处理与正则表达式的应用以及面向对象编程基础等 PHP 高级编程技术。第 10 章实验指导主要从工程应用角度出发，提炼讲解了全书 8 个重点实验项目和一个工程应用实例——新闻发布系统的具体实现过程。

本书由陆凯任主编（海南政法职业学院），李湘一（琼台师范学院）、焦慧华（琼台师范学院）任副主编，参与本书编写工作的还有宫海梅（海南工商职业学院）、胡香利（海南工商职业学院）、肖群（琼台师范学院）、张可（海南麦克西蒙商用科技有限公司资深总工程师）。由于 PHP 动态网站开发技术标准不断更新，加之时间仓促和作者水平有限，本书的内容难免会有纰漏和不足之处，恳请各位读者批评指正。

编　者
2016 年 3 月

目 录

第1章 配置PHP开发环境 ………… 1
1.1 PHP 语言简介 ………………………… 1
1.2 配置 PHP 开发环境 ………………… 2
  1.2.1 开发组件下载 ……………………… 2
  1.2.2 Apache 的安装与测试 …………… 2
  1.2.3 PHP 的安装与配置 ………………… 4
  1.2.4 MySQL 的安装与配置 …………… 7
练习题 …………………………………………… 10

第2章 HTML5 与 CSS 3.0 ………… 11
2.1 HTML5 标记语言基础 ……………… 11
  2.1.1 HTML5 特点 ………………………… 11
  2.1.2 HTML 基本结构 …………………… 12
  2.1.3 HTML5 基本标记 ………………… 14
2.2 CSS 3.0 样式基础 …………………… 18
  2.2.1 CSS 3.0 简介 ……………………… 19
  2.2.2 CSS 3.0 特点 ……………………… 19
  2.2.3 添加样式表的方法 ………………… 19
  2.2.4 CSS 的语法 ………………………… 21
  2.2.5 增强 CSS 的可读性 ……………… 21
  2.2.6 CSS 优先级 ………………………… 22
练习题 …………………………………………… 22

第3章 PHP 语言基础 ……………… 24
3.1 PHP 语法入门 ……………………… 24
  3.1.1 PHP 代码书写 ……………………… 24
  3.1.2 PHP 四种标记方式 ………………… 25
  3.1.3 PHP 实例 …………………………… 25
3.2 PHP 程序注释 ……………………… 26
  3.2.1 单行注释 …………………………… 26
  3.2.2 多行注释 …………………………… 27
  3.2.3 HTML 注释 ………………………… 27
3.3 PHP 输出函数 ……………………… 28
  3.3.1 echo 函数 …………………………… 28
  3.3.2 print 函数 …………………………… 31
  3.3.3 printf 函数 ………………………… 31
  3.3.4 sprintf 函数 ………………………… 32
3.4 PHP 变量 ……………………………… 33
  3.4.1 变量的命名 ………………………… 33
  3.4.2 变量赋值 …………………………… 33
  3.4.3 可变变量 …………………………… 35
  3.4.4 变量作用域 ………………………… 35
  3.4.5 超级全局变量 ……………………… 37
3.5 PHP 常量 ……………………………… 38
  3.5.1 定义常量 …………………………… 39
  3.5.2 引用常量 …………………………… 39
  3.5.3 魔术常量 …………………………… 39
3.6 数据类型 ……………………………… 41
3.7 运算符 ………………………………… 44
3.8 流程控制语句 ……………………… 46
  3.8.1 语句分类 …………………………… 46
  3.8.2 基本语句 …………………………… 46
  3.8.3 选择语句 …………………………… 46
  3.8.4 循环语句 …………………………… 50
  3.8.5 跳转语句 …………………………… 54
3.9 实战——输出等腰梯形 …………… 56
练习题 …………………………………………… 57

第4章 函数与数组 ……………………… 59
4.1 PHP 函数应用 ……………………… 59
  4.1.1 自定义函数 ………………………… 59
  4.1.2 系统函数 …………………………… 65
4.2 PHP 数组应用 ……………………… 73
  4.2.1 数组的概念 ………………………… 73
  4.2.2 数组的分类 ………………………… 73
  4.2.3 创建数组 …………………………… 75
  4.2.4 追加数组 …………………………… 77
  4.2.5 修改数组 …………………………… 78
  4.2.6 删除数组 …………………………… 79
  4.2.7 遍历数组 …………………………… 81

  4.2.8 数组排序 …………………… 83
 练习题 …………………………………… 86

第5章 目录和文件操作 ………… 87

 5.1 目录属性 ……………………………… 87
 5.2 目录基本操作 ………………………… 89
  5.2.1 打开目录 …………………… 89
  5.2.2 关闭目录 …………………… 89
  5.2.3 创建目录 …………………… 90
  5.2.4 读取目录 …………………… 90
  5.2.5 删除目录 …………………… 92
 5.3 文件属性 ……………………………… 92
  5.3.1 文件类型 …………………… 92
  5.3.2 文件大小 …………………… 93
  5.3.3 打开文件 …………………… 94
  5.3.4 关闭文件 …………………… 94
  5.3.5 读取文件 …………………… 95
  5.3.6 写入文件 …………………… 98
  5.3.7 复制文件 ………………… 100
  5.3.8 删除文件 ………………… 101
  5.3.9 文件上传 ………………… 101
  5.3.10 文件下载 ………………… 103
  5.3.11 文件和目录操作实例——
    留言本 ……………………… 106
 练习题 ………………………………… 108

第6章 PHP数据库编程 ………… 109

 6.1 数据库操作的基本步骤 …………… 109
 6.2 连接和关闭数据库 ………………… 110
  6.2.1 函数mysql_connect()：建立
    连接 ………………………… 110
  6.2.2 函数mysql_close()：关闭连接 …… 112
 6.3 选择数据库 ………………………… 113
 6.4 查询数据库 ………………………… 113
 6.5 获取和显示信息 …………………… 115
  6.5.1 函数mysql_fetch_row() …… 115
  6.5.2 函数mysql_fetch_array() …… 116
  6.5.3 函数mysql_num_rows() …… 117
 6.6 数据的增、删、改及相关操作 …… 118
  6.6.1 使用INSERT语句插入新数据 …… 118
  6.6.2 使用DELETE语句删除数据 …… 119
  6.6.3 使用UPDATE语句修改数据 …… 120
 6.7 数据库的创建和删除 ……………… 121
  6.7.1 使用CREATE DATABASE语句
    创建数据库 ………………… 121
  6.7.2 使用DROP DATABASE语句删除
    数据库 ……………………… 122
 6.8 获取数据库信息 …………………… 122
 6.9 数据库表的创建和删除 …………… 123
 6.10 获取字段信息 ……………………… 123
 6.11 获取错误信息 ……………………… 123
  6.11.1 函数mysql_error()：返回错误
    信息 ………………………… 124
  6.11.2 函数mysql_errno()：返回
    错误号 ……………………… 125
 练习题 ………………………………… 126

第7章 MySQL可视化管理 ……… 127

 7.1 MySQL-Front安装 ………………… 127
 7.2 MySQL高级应用实例 ……………… 130
  7.2.1 LIMIT子句 ………………… 130
  7.2.2 LIKE子句 ………………… 131
  7.2.3 通配符 ……………………… 131
  7.2.4 IN操作符 ………………… 132
  7.2.5 ALIAS别名 ………………… 132
  7.2.6 CREATE DATABASE语句 …… 133
  7.2.7 CREATE TABLE语句 ……… 133
  7.2.8 MySQL NOT NULL约束 …… 134
  7.2.9 PRIMARY KEY约束 ……… 135
  7.2.10 FOREIGN KEY约束 ……… 135
  7.2.11 MySQL DEFAULT约束 …… 136
  7.2.12 DROP语句删除索引、表和
    数据库 ……………………… 136
  7.2.13 ALTER TABLE语句 ……… 137
 练习题 ………………………………… 138

第8章 正则表达式 ………………… 139

 8.1 正则表达式简介 …………………… 139
  8.1.1 正则表达式的概念 ………… 139
  8.1.2 正则表达式的基本语法 …… 139
  8.1.3 正则表达式的特殊字符 …… 140
  8.1.4 常用的正则表达式 ………… 141

8.2 模式匹配函数 …………………… 142
　8.2.1 匹配字符串 ………………… 142
　8.2.2 替换字符串 ………………… 143
　8.2.3 用正则表达式分隔字符串 …… 144
练习题 ………………………………… 146

第9章 面向对象编程 …………… 147

9.1 面向对象的概念 ………………… 147
　9.1.1 类 ………………………… 147
　9.1.2 对象 ……………………… 147
9.2 PHP 和对象 …………………… 148
　9.2.1 类的定义 ………………… 148
　9.2.2 类的实例化 ……………… 148
　9.2.3 显示对象的信息 ………… 149
　9.2.4 类成员和作用域 ………… 149
　9.2.5 构造函数 ………………… 150
　9.2.6 析构函数 ………………… 151
　9.2.7 继承 ……………………… 151
9.3 PHP 对象的高级应用 ………… 152
　9.3.1 final 关键字 ……………… 152
　9.3.2 抽象类 …………………… 153
　9.3.3 接口 ……………………… 154
　9.3.4 克隆对象 ………………… 156
练习题 ………………………………… 156

第10章 实验指导 ………………… 158

10.1 实验一 架设 Windows 下的 PHP 测试服务器 …………… 158
　10.1.1 实验准备 ………………… 158
　10.1.2 实验目的 ………………… 158
　10.1.3 路径说明 ………………… 158
　10.1.4 PHP 的安装和配置 ……… 159
　10.1.5 Apache 的安装和配置 …… 159
　10.1.6 Apache 服务的安装和启动 … 160
　10.1.7 测试 Apache 服务器对 PHP 的支持能力 ………………… 160
　10.1.8 MYSQL 的安装和启动 …… 161
　10.1.9 测试 PHP 和 MYSQL 的协同 … 161
10.2 实验二 PHP 的语法结构 …… 162
　10.2.1 实验目的 ………………… 162
　10.2.2 实验内容 ………………… 162
10.3 实验三 PHP 的数据类型 …… 164
　10.3.1 实验目的 ………………… 164
　10.3.2 实验内容 ………………… 164
10.4 实验四 变量 ………………… 167
　10.4.1 实验目的 ………………… 167
　10.4.2 实验内容 ………………… 167
10.5 实验五 表达式和操作符 …… 169
　10.5.1 实验目的 ………………… 169
　10.5.2 实验内容 ………………… 170
10.6 实验六 控制语句 …………… 172
　10.6.1 实验目的 ………………… 172
　10.6.2 实验内容 ………………… 172
10.7 实验七 验证码的制作 ……… 174
　10.7.1 实验目的 ………………… 174
　10.7.2 实验内容 ………………… 175
10.8 实验八 函数和类 …………… 176
　10.8.1 实验目的 ………………… 176
　10.8.2 实验内容 ………………… 176
10.9 实验九 新闻发布系统的开发 … 180
　10.9.1 实验目的 ………………… 180
　10.9.2 实验内容 ………………… 180
练习题 ………………………………… 198

参考文献 …………………………… **199**

第 1 章
配置 PHP 开发环境

PHP 是一种服务器端的、HTML 嵌入式脚本描述语言，其最重要的特征就是其强大的跨平台性、开源性与面向对象编程。PHP 语言结构简单，安全性高，易于入门且开发高效，自 1995 年起，经过二十多年的时间历练，已经成为全球最受欢迎的脚本语言之一。本章讲述如何配置 PHP 开发环境，首先对 PHP 语言开发特点做一个简要说明，然后介绍如何配置 PHP 开发环境。

1.1 PHP 语言简介

PHP，是英文超级文本预处理语言 Hypertext Preprocessor 的缩写。PHP 是一种 HTML 内嵌式的语言，是一种在服务器端执行的嵌入 HTML 文档的脚本语言，语言的风格类似于 C 语言。PHP 独特的语法混合了 C、Java、Perl 以及 PHP 自创的语法。它可以比 CGI 或者 Perl 更快速地执行动态网页。用 PHP 开发的动态页面与其他的编程语言相比，PHP 是将程序嵌入到 HTML 文档中去执行，执行效率比完全生成 HTML 标记的 CGI 要高许多；PHP 支持执行编译后的代码，编译可以达到加密和优化代码运行，使代码运行更快。PHP 具有非常强大的功能，所有的 CGI 的功能 PHP 都能实现，而且支持几乎所有流行的数据库以及操作系统。最重要的是 PHP 可以用 C、C++ 进行程序的扩展。

PHP 语言具有以下特点。

1. 开放免费源码。PHP 的原始代码完全公开免费，这种开源策略使无数业内人士欢欣鼓舞。新函数库的不断加入，使得 PHP 具有强大的更新能力，从而在 Win32 或 UNIX 平台上拥有更多的新功能。

2. 快捷高效。因为 PHP 可以被嵌入到 HTML 语言中，故其相对于其他语言编辑简单，开发快且执行效率高，技术本身学习快，实用性强。

3. 跨平台性强。由于 PHP 是运行在服务器端的脚本，可以运行在 UNIX、Linux、Windows、Mac Os、Android 等平台。

4. 具有图像处理功能。PHP 可以动态创建图像，PHP 图像处理默认使用 GD2，且也可以配置为使用 ImageMagick 进行图像处理。

5. 面向对象编程。在 PHP 4.0，PHP 5.0 中，面向对象方面都有了很大的改进，提供了类和对象，支持构造函数和抽象类等。PHP 完全可以用来开发大型商业程序。

1.2 配置 PHP 开发环境

要开发 Web 应用程序，首先必须配置开发环境。PHP 集成开发环境很多，如 XAMPP、AppServ 等，只需一键安装，就可以把 PHP 开发环境搭建好。但是这种安装方式不够灵活，软件的自由组合不够方便，也不利于学习。因此，建议读者手工安装。

PHP 站点通常部署在 Linux 服务器上会具有更高的效率。但是由于使用习惯、界面友好性、操作便捷性以及软件丰富性等多方面的原因，作为新手，我们更愿意在 Windows 环境下完成 PHP 站点的开发。

Windows 操作系统是目前世界上使用最广泛的操作系统，本节主要介绍在 Windows 下如何配置 PHP 开发环境，包括 Appche、PHP5 和 MySQL 的安装与配置。

1.2.1 开发组件下载

配置 PHP 开发环境，首先需要下载 PHP 代码包和 Apache 与 MySQL 的安装软件包，并且确认 IIS 服务处于停止状态，以免引起冲突。可以通过控制面扳→管理工具→服务，将 IIS Admin Service 服务停止。以下是本书所需安装包的下载列表。

1. Apche:httpd-2.2.21-win32-x86-no_ssl.msi。
2. PHP:php-5.3.10-Win32-VC9-x86.zip。
3. MySQL:mysql-5.5.20-win32.msi。

1.2.2 Apache 的安装与测试

1. 下载 Apache 的安装包 httpd-2.2.21-win32-x86-no_ssl.msi，双击打开安装向导，进入欢迎界面，显示当前 Apache 的软件版本信息，如图 1-1 所示。

2. 单击 Next 按钮，进入 Apache 许可协议界面，仔细阅读协议内容，选中"I accept the terms in the license agreement"，如图 1-2 所示。

3. 单击 Next 按钮，进入 Apache HTTP 服务器介绍界面，介绍 Apache 是什么、版本信息及配置文件等。继续单击 Next 按钮，进入服务器信息设置界面，如图 1-3 所示。

在信息设置界面中，前三条信息仅供参考，均可任意填写，无效的也行。其中电子邮件地址在系统出现故障时提供给访问者。后面两个单选按钮用于确定程序和快捷方式。

（1）for All Users, on Port 80, as a Server—Recommended:为默认选项，把 Apache 作为一个任何人都可以访问、监听端口号为 80 的服务器。

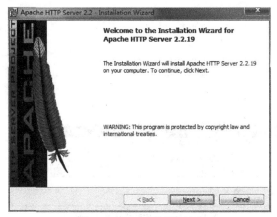

图 1-1 Apache 安装欢迎界面

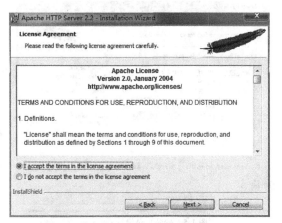

图 1-2 选中"I accept the terms in the license agreement"选项

（2）only for the Current User，on Port 8080，when started Manually：把 Apache 仅供自己使用并且监听端口号为 8080 的服务器，使用时需要手动启动服务器。

4．单击 Next 按钮，选择安装类型，如图 1-4 所示。

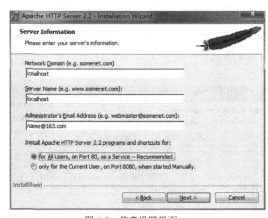

图 1-3 信息设置界面

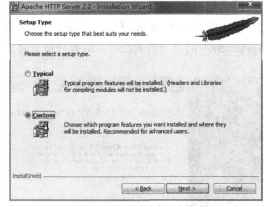

图 1-4 选择"自定义"安装

5．单击 Next 按钮，显示 Apache 的默认安装目录，单击 Change 按钮可以自定义安装，本书安装到 C:\Apache2.2 目录下，如图 1-5 所示。

6．后续步骤中全部单击 Next 按钮，直至最后一个界面，单击 Finish 按钮完成安装。

7．安装完成后，Apache 服务器将自动开启。桌面右下角任务栏出现一个图标。

（1）Apache 服务器正常启动时，图标样式为 ▶。

（2）Apache 服务器未启动时，图标样式为 ■。

8．服务器开启后，出现一个浏览器窗口，在地址栏中输入 http:// localhost/或者"127.0.0.1"，出现如图 1-6 所示的页面，说明 Apache 服务器已经安装成功了。

提示

如果修改 Apache 的端口号为 8080，则在地址栏输入 http://localhost:8080 进行测试。

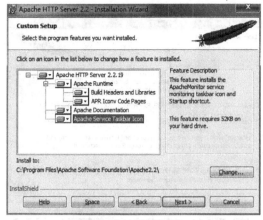

图 1-5　安装目录设置界面　　　　　　　　图 1-6　Apache 安装成功测试界面

1.2.3　PHP 的安装与配置

PHP 具体的安装步骤如下。

1. 双击下载的文件 php-5.2.17-win32-installer.msi，弹出（欢迎安装 PHP 安装程序）对话框，如图 1-7 所示。

2．单击 Next 按钮，打开（终端用户许可）对话框。单击选择"I accept the terms in the License Agreement"同意合约的授权，继续进行安装，如图 1-8 所示。

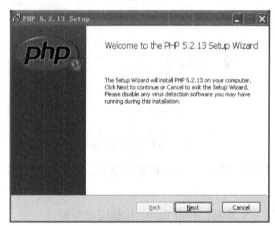
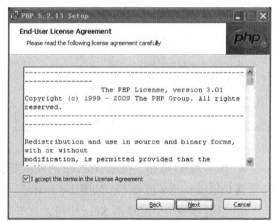

图 1-7　欢迎安装 PHP 安装程序　　　　　　图 1-8　选择"I accept the terms in the License Agreement"，同意合约的授权

3. 单击 Next 按钮，打开（安装路径文件）对话框，单击 Browse 按钮来更改 PHP 的安装路径，这里为"C:\PHP\"目录，如图 1-9 所示。

4. 设置 PHP 安装路径之后，单击 Next 按钮，选择安装 Apache 版本号，这里为 Apache 2.2x Module，如图 1-10 所示。

5. 再单击 Next 按钮，选择 Apache 服务器的安装路径，如图 1-11 所示。

6. 然后单击 Next 按钮，打开（选择安装项目）对话框，选择要安装的 PHP 组件，建议全部选择安装，设置如图 1-12 所示。

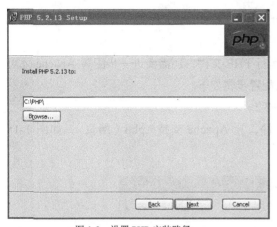

图 1-9　设置 PHP 安装路径

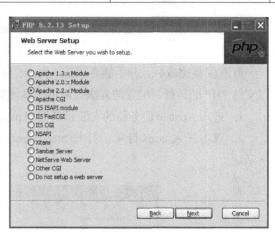

图 1-10　版本号选择"Apache 2.2x Module"

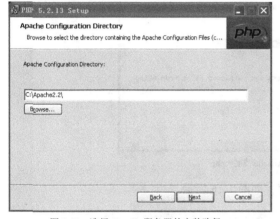

图 1-11　选择 Apache 服务器的安装路径

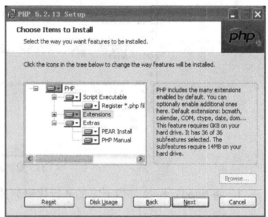

图 1-12　选择安装项目

在图 1-12 中，安装时一定要展开"PHP"选项，勾选 MySQL 组件，这样才能把 PHP 和 MySQL 数据库关联起来，以方便进一步的数据库连接使用。

7. 设置完成后单击"Install"按钮，开始安装 PHP，如图 1-13 所示。
8. 安装的过程会有安装进度提示，如图 1-14 所示。

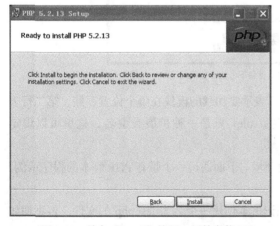

图 1-13　单击"Install"按钮，开始安装 PHP

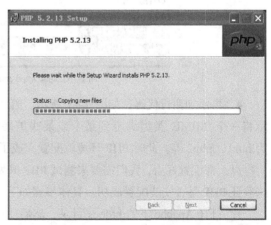

图 1-14　安装进度提示

9. 安装结束后,需要将安装后的 C:\PHP\ext 文件夹下的驱动文件都复制到 C:\WINDOWS\system32 下。

PHP 安装完成后,并不能直接在 Apache 里运行 PHP 文件,还需要进一步配置 Apache 才可以支持 PHP 的运行,配置的方法很简单,具体的配置步骤如下。

1. 进入 Apache 服务器的安装目录 C:\Apache2.2。

2. 双击进入 conf 目录,打开 httpd.conf 文件,让 Apache 支持*.php(网页),如图 1-15 所示。

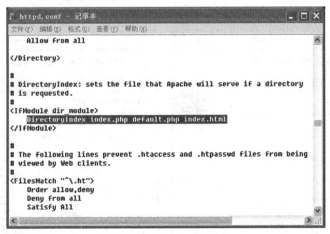

图 1-15 配置 Apache 支持*.php

3. 将 httpd.conf 文件最下方的 4 行代码删掉,如图 1-16 所示。

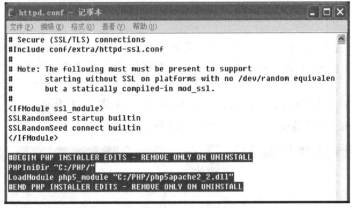

图 1-16 删除 httpd.conf 文件最下方的 4 行代码

4. 再添加两行代码,如图 1-17 所示。第一行表示要加载的模块在哪个位置存储,第二行表示将一个 MIME 类型绑定到某个或某些扩展名。.php 只是一种扩展类型名,这里可以设定为.html、.php2 等。此时 PHP 环境就配置完成了。

以上都配置好后,我们需要来测试 PHP 开发环境。下面通过一个带有 PHP 脚本的程序示例,来验证 PHP 是否安装配置成功。具体步骤如下。

1. 打开 Apache 下的 htdocs 目录,然后使用记事本创建一个名为 test.php 的文件,再添加如下代码到文件中,如图 1-18 所示。

图 1-17 添加图中高亮显示代码

图 1-18 编写 test.php 测试页面

2. 保存 test.php 文件，然后在 IE 浏览器的地址栏中输入 http://localhost/test.php，如果显示 PHP 的相关信息，则证明 PHP 软件包和环境配置成功，如图 1-19 所示，否则安装失败。

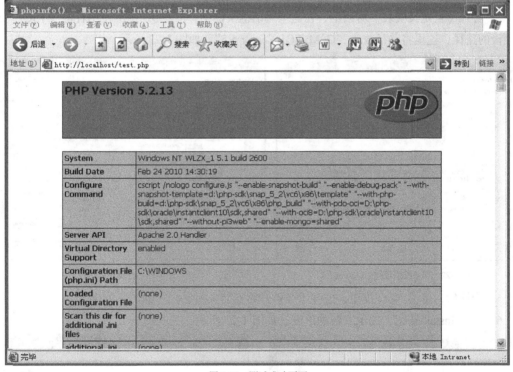

图 1-19 测试成功页面

1.2.4　MySQL 的安装与配置

1. 双击下载的安装程序 mysql-5.5.13-win32.msi，打开（欢迎开始安装）的对话框，如图 1-20 所示。

2. MySQL 安装精灵会显示欢迎界面，并提示安装的版本，单击 Next 按钮继续安装程序，打开（终端用户许可）对话框。请单击"I accept the terms in the License Agreement"同意合约的授权，继续进行安装，如图 1-21 所示。

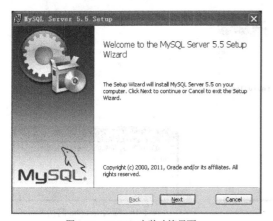 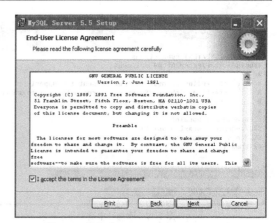

图 1-20　MySQL 安装欢迎界面　　　　　　图 1-21　单击"I accept the terms in the License Agreement"同意合约的授权

3. 单击 Next 按钮，打开（选择安装类型）对话框，选择 MySQL 的安装类型，这里单击选择 Custom 单选按钮，继续进行下一步，如图 1-22 所示。

4. 打开（自定义安装）对话框，在这个对话框页面中，MySQL 提醒使用者将 MySQL 安装至预设的路径，这里将路径改为"C:\MySQL Server 5.5"，如图 1-23 所示。

 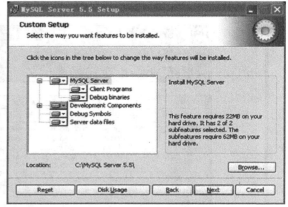

图 1-22　安装类型选择"Custom"　　　　　　图 1-23　选择安装路径

5. 确认后，单击 Next 按钮，打开（准备开始安装）对话框，如图 1-24 所示。
6. 单击 Install 按钮，提示安装的进度，如图 1-25 所示。

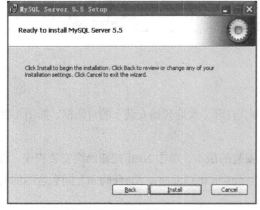 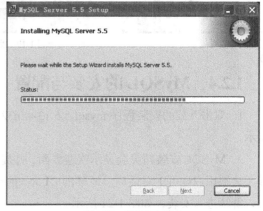

图 1-24　开始安装界面　　　　　　图 1-25　安装进度提示

7. 由于下载安装的是企业版的 MySQL，故安装到最后会打开（MySQL 企业版）对话框，显示该版本的一些信息，如图 1-26 所示。

8. 单击"Finish"按钮，打开（装载运行 MySQL 确认向导）对话框，如图 1-27 所示。

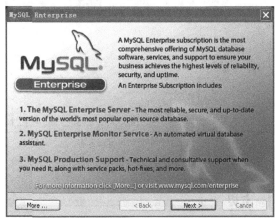

图 1-26　MySQL 版本信息界面　　　　　　　　图 1-27　单击"Finish"按钮

9. 单击 Next 按钮，打开（安装模式确认）对话框，这里单击选择"Standard Configuration（标准确认模式）"单选按钮，如图 1-28 所示。

10. 选择确认模式后再单击 Next 按钮，打开（设置 Windows 的选项）对话框，单击选择所有的复选按钮。其中 Install As Windows Server 表示将 MySQL 数据库服务器注册为 Windows 的服务，以便管理；Launch the MySQL Server automatically 表示自动运行 MySQL 数据库；Include Bin Directory in Windows PATH 是把 MySQL 相关的命令行工具加入命令行自动查找的路径中，以方便调用 MySQL 命令，设置后如图 1-29 所示。

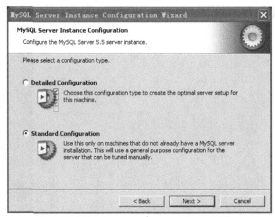

图 1-28　选择"Standard Configuration（标准确认模式）"　　　　图 1-29　注册 Windows 服务与加入命令行自动查找

11. 单击 Next 按钮，打开（设置安装选项）对话框，单击选择"Modify Security Settings（确认安装设置）"复选框，并两次输入 root 账户密码，如图 1-30 所示。

12. 确认后再次单击 Next 按钮，打开最后的（进程确认测试）对话框，单击"Execute（执行）"按钮，并显示配置的结果，单击"Finish"按钮完成安装，如图 1-31 所示。

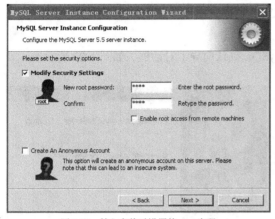
图 1-30　输入安装时设置的 root 密码
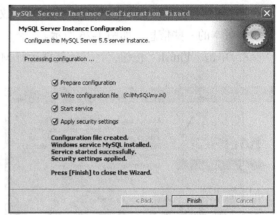
图 1-31　配置结果显示界面

练 习 题

一、简答题
1. 简述 PHP 语言有哪些主要特点。
2. Apache 服务器只支持 PHP 语言吗？
3. 在 Apache 中，PHP 有哪两种运行方式？本书中采用的是哪种方式，如何配置的？

二、单项选择题
1. 配置 MySQL 服务器时可以设置一个管理员账号，其名称是（　　）。
　　A．admin　　　　　B．sa　　　　　C．root　　　　　D．system
2. 用于保存 Apache 服务器的配置信息的命令是（　　）。
　　A．DocumentRoot　　B．Alias　　　　C．Listen　　　　D．httpd.conf

第 2 章
HTML5 与 CSS 3.0

　　HTML 即超文本标记语言。万维网用它标记文本、图像、声音、视频等元素，并规定浏览器如何显示这些元素，以及如何响应用户的行为。CSS（层叠样式表）级联样式表是一种用来表现 HTML（标准通用标记语言的一个应用）或 XML（标准通用标记语言的一个子集）等文件样式的计算机语言。通过 HTML+CSS 技术可以设计制作精美、用户体验度高的静态页面。本章主要讲解 HTML5 常见标记与 CSS 3.0 样式基础。

2.1　HTML5 标记语言基础

　　HTML 是制作超文本文档的标记语言，由多种标记组成，标记不区分大小写，大部分标记是成对出现的。用 HTML 编写的超文本文档称为 HTML 文档，它能在各种浏览器上独立运行。2014 年 10 月 29 日，万维网联盟宣布，经过接近 8 年的艰苦努力，HTML5 标准规范终于制定完成。至此，HTML 超文本标记语言已经历五次重大修改。

2.1.1　HTML5 特点

　　HTML5 提供了一些新的元素和属性，例如<nav>（网站导航块）和<footer>。这种标签将有利于搜索引擎的索引整理，同时能更好地帮助小屏幕装置和视障人士使用；除此之外，还为其他浏览要素提供了新的功能，如<audio>和<video>标记。目前，HTML5 已被众多浏览器兼容支持，并成为移动互联网开发的主流。

1. HTML5 的优点

　　HTML5 的最大优势是语言结构非常简单。它具有以下特点。

　　（1）HTML5 编写简单。即使用户没有任何编程经验，也可以轻松使用 HTML 来设计网页，HTML5 的使用只需将文本加上一些标记（tags）即可。

　　（2）HTML5 的标记数目有限。在 W3C 所建议使用的 HTML5 规范中，所有的控制标记都是固定的且数目有限。所谓固定是指控制标记的名称固定不变，且每个控制标记都已被定义过，其所提供的功能与相关属性的设置都是固定的。这是因为 HTML 中只能引用 Strict DTDI、

Transitional DTD 或 Frameset DTD 中的控制标记，且 HTML 不允许网页设计者自行创建控制标记，所以控制标记的数目是有限的，设计者在充分了解每个控制标记的功能后，就可以设计 Web 页面。

（3）HTML5 语法较弱，在 W3C 制定的 HTML5 规范中，对于 HTML5 在语法结构上的规格限制是较轻松的，如<HTML>、<Html>或<html>在浏览器中具有同样的功能，是不区分大小写的。另外，也没有严格要求每个控制标记都要有相对应的结束控制标记，例如，标记<tr>就不需要它的结束标记</tr>。

2. HTML5 存在的不足

它主要存在以下问题。

（1）用户自己不能创建新标记。因为 HTML 不允许自定义 DTD，而 HTML 可以使用的所有控制标记都是在 DTD 中声明的，所以 Web 开发者无法依照自己的需求创建新的控制标记。

（2）数据结构描述性差。对于日新月异的 Internet，HTML 格式的文件已经无法满足用户需求，因为当初发展制定 HTML 规范时，主要是将 HTML 文件定位在数据的显示，也就是说如何将一篇图文并茂的文章，通过 HTML 控制标记的修饰后，能顺利展现在浏览器中，且 HTML 越简单越好，所以说，HTML 描述有关数据结构的能力较差。现在已经使用 XML 来补全这方面的不足了。

（3）浏览器厂商恶性竞争，导致自定义标记出现。各浏览器公司自己创建新的标记来提供给 Web 开发者使用，以增强网页效果，从而造成不同厂商都具备自己的开发标记，这非常混乱。私有开发的 HTML 标记并不是标准的，也就是说没经过 W3C 的认可，它造成了 HTML 控件标记的不一致，Web 开发者不得不针对不同的浏览器来设计不同版本的网页，从而让使用不同浏览器的用户得到相同的显示结果。

2.1.2　HTML 基本结构

在一个 HTML 文档中，必须包含<html></html>标记，并且应将它们放在一个 HTML 文档中的开始和结束位置，即每个文档以<html>开始，以</html>结束。<html></html>之间通常包含两个部分，分别是<head></head>和<body></body>，head 标记包含 HTML 头部信息，如文档标题、样式定义等。body 包含文档主体部分（网页内容）。需要注意的是 HTML 标记不区分大小写。

1. HTML 结构

为了便于读者从整体把握 HTML 文档结构，下面通过一个 HTML 页来介绍其整体结构。示例代码如下：

```
<!doctype>
<html>
<head>
<title>网页标题</title>
</head>
<body>
网页内容
</body>
</html>
```

从上面代码可以看出，一个基本的 HTML 文档由以下几部分构成。

- <!doctype>声明必须位于 HTML5 文档中的第一行，也就是位于<html>标记之前。该标记告知浏览器文档所使用的 HTML 规范。<!douctype>声明不属于 HTML 标记，它是一条指令，告诉浏览器编写页面所有的标记的版本。由于 HTML5 版本还没有得到浏览器的完全认可，后面介绍时还采用通用标准。
- <html></html>说明本页面使用 HTML 语言编写，使浏览器软件能够准确无误地解释、显示。
- <head></head>是 HTML 的头部标记。头部信息不显示在网页中，此标记可以保护其中的其他标记，它用于说明文件标题和整个文件的一些公用属性。用户可以通过<style>标记定义 CSS 样式表，通过<script>标记定义 JavaScript 脚本文件。
- <title></title>。<title>是<head>中的重要组成部分，它包含的内容显示在浏览器的窗口标题栏中。如果没有<title>，浏览器标题栏显示本页的文件名。
- <body></body>。<body>包含 HTML 页面的实际内容，显示在浏览器窗口的客户区中。例如，页面中文字、图像、动画、超级链接以及其他 HTML 相关的内容都定义在<body>标记里面。

2. HTML5 新增结构标记

HTML5 新增的结构标记有<footer></footer>和<header></header>，但是，这两个标记还没有获取大多数浏览器支持。这里简单介绍一下。

<header>标记定义文档的页面（介绍信息），使用示例如下。

```
<header>
<h1>欢迎访问主页</h1>
</header>
```

<footer>标记定义 section 或 document 的页脚。在典型情况下，该元素会包含创作者的姓名、文档的创作日期或者联系信息。使用示例如下。

```
<footer>作者：陆凯 联系方式：13637542653</footer>
```

3. 认识 HTML5 标记

HTML 文档由标记组成，如<html>标记、<body>标记等。标记是 HTML 语言最基本的单位，每一个标记都是由"<"开始，以">"结束。HTML 语言标记通常都是成对出现的，如<body></body>。一般情况下，成对出现的标记都是由首标记<标记名>和尾标记</标记名>，即在标记前加一个斜杠"/"组成的，其作用域只是在这对标记中的文档。除了成对出现的标记外，还可能出现单独标记，如
，单独标记在相应位置插入元素就可以了。

HTML 标记分为两种类型，一种是标识标记，另一种是描述标记。标识标记表示某种格式的开始或结束，如<title>标记表示网页的标题，<p>标记表示网页中的段落。描述标记也可以称为标记的属性，其示例如下。

```
<body bgcolor=red>
```

在该标记中，bgcolor 标记就属于描述标记，也可以称为标记的属性，用来设置网页背景色。"red"表示是该属性值，即当前网页背景为红色。

在 HTML 语言中，注释由开始标记"<!--"和结束标记"-->"组成，两个标记之间的内容会被浏览器解释为注释，而不在浏览器上显示。

2.1.3 HTML5 基本标记

大家知道，<html><head><body>三种标记构成了 HTML 文档主体，除了这 3 种基本标记之外，还有其他一些常用标记，如字符标记、超级链接标记、列表标记。

1. 字符标记

在 HTML5 文档中，不管其内容如何变化，文字始终是最小的单位。每个网页都在显示和布局这些文字，文本字符标记通常用来指定文字显示方式和布局方式。

常用文本字符标记，如表 2-1 所示。

表 2-1　　　　　　　　　　常用文本字符标记

标记	标记名称	功能描述
br	换行标记	另起一行开始
hr	换尺标记	形成一个水平标尺
Center	居中对齐标记	文本在网页中间显示。HTML5 标准已抛弃此标记，但相当长时间段内仍然可以用
blockquote	引用标记	引用名言
pre	预定义标记	使源代码的格式显示在浏览器上
hn	标题标记	网页标题有 6 个，分别为 h1~h6
font	字体标记	修饰字体大小、颜色、字体名称。HTML5 标准已抛弃此标记，但相当长时间内仍然可以用
b	字体加粗标记	文字样式加粗显示
i	斜体标记	文字样式斜体显示
sub	下表标记	文字以下标形式出现
u	底线标记	文字以带底线形式出现
sup	上标标记	文字以上标形式出现
address	地址标记	文字以斜体形式表示地址

实例【test2-1】　　"质能方程"页面代码。

```
<HTML>
<HEAD>
<TITLE>HTML 学习</TITLE>
</HEAD>
<BODY>
<h1 align=center>质能方程</h1>
<hr color=black align=center width=100%>
<p>以 E=mc^2 谈论越光速</p>
```

```
<p><font align=center size=6>质能等价理论</font>是爱因斯坦狭义相对论的最重要的推论，即著名的
方程式:E=mc^2；(能量=质量×光速的平方)，式中 E 为能量，m 为质子加中子减原子核的质量（由于质量亏损，原子
核的质量总小于组成该原子核的质子和中子的质量的和），C 为光速；也就是说，一切物质都潜藏着质子加中子减原子
核的质量乘于光速平方的能量。 由此可以解释为什么物体的运动速度不可能超过光速。</p>
<p><pre>要避免这样的佯谬，B 吸收能量 E 后比 A 多具有质量 m，使在调位置时，m 向左移动 d 距离时，<br>
全管 M 向右移动 x 距离。质心不动，即要求 Mx = md，这移动 x 恰好抵消上述发射吸收间移动 vt，
所以(md)/M = x = vt = (Ed)/Mc，
整理得：
E=mc^2 </pre> </p>
<p>2<sup>2</sup>结果。</p>
<hr color=orange align=center width=100%>
详细信息请查询<address><b>http://baidu.com</b></address>。
</BODY>
</HTML>
```

在浏览器中，浏览效果如图 2-1 所示，可以看到字体以标题、预定义文本显示，标尺 hr 以不同颜色显示。

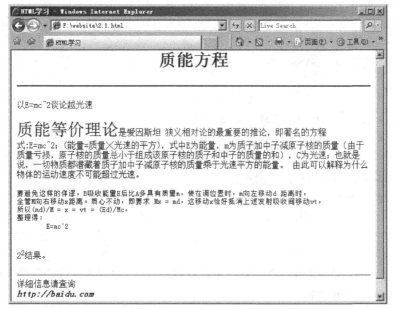

图 2-1 字符标记显示窗口

从上面代码可以看出，标尺标记<hr>是描述标记。其中，align 表示标尺对齐方式（居中、居左或居右），width 表示标记宽度，color 表示标记颜色，noshade 表示标记是否带有阴影。

　　<font>标记也具有相应描述标记，size 表示字体大小，color 表示字体颜色，font 表示字体名称。P 为段落标记，会在后面章节介绍。

2．超级链接标记

链接是指从一个页面指向一个目标的链接关系。这个目标可以是一个网页，也可以是本网页的不同位置，还可以是一张图片、一个电子邮件地址、一份文件，甚至是一个应用程序。而在一个网页中作为超级链接的对象，可以是一段文本或者是一个图片。

一个链接的基本格式如下。

<a href="资源地址">热点（链接文字或图片）</ a>。

标记<a>表示一个链接的开始，</ a>表示一个链接的结束；描述标记（属性）href 定义了这个链接所指的地方；通过单击热点，就可以到达指定的网页，如<a href= "http://www.sohu.com">搜狐</ a>。

按照链接路径的不同，网页中的超级链接一般分为以下 3 种类型：外部链接、内部链接和锚点连接。外部链接表示不同网站网页之间的链接；内部链接表示同一个网站之间的网页链接，链接资源的地址分为绝对路径和相对路径；锚点链接通常指同一文档内链接。

如果按照使用对象的不同，网页中的链接又可以分为文本链接、图像链接、E-mail 链接、多媒体文件链接和空链接等。

实例【test2-2】 "超级链接"页面代码。

```
<HTML>
<HEAD>
<TITLE>HTML 超级链接</TITLE>
</HEAD>
<BODY>
<h1 align=center>主页</h1>
进入<a href="2.2_2.html">新闻中心</a>
</BODY>
</HTML>
```

实例【test2-3】 "HTML 学习"页面代码。

```
<HTML>
<HEAD>
<TITLE>HTML 学习</TITLE>
<h1 align=center>新闻中心</h1>
<a href=2.2_1.html>返回首页</a>
</BODY>
</HTML>
```

在浏览器中，浏览效果如图 2-2 所示，可以看到"主页"和"新闻中心"两个超级链接，通过它们页面之间可以互相跳转。

图 2-2 页面跳转显示

通过网页外部链接可以链接到其他网页，扩充网站的实用性及充实性，也正是此功能造就了网页五彩缤纷的世界。

这里需要注意的是 HTML5 中对<a></a>标记进行了重新定义，并增加了一些新的属性，如

type、ping 和 media，也减少了 charset、coords、rev 和 shape。

（1）type 规定目标 URL 的 MIME（multipurpose Internet mail extensions）类型仅在 href 属性存在时使用。

（2）ping 规定获取目标 URL 的访问通知，URL 列表由空格分隔。当用户单击该链接时，这些 URL 会获得通知。仅在 href 属性存在时使用。

（3）media 规定目标 URL 的媒介类型。默认值为 all。仅在 href 属性存在时使用。

提示
在 HTML4.01 中，<a>标记既可以是超级链接，也可以是锚。这取决于是否描述了 href 属性。而在 HTML5 中，<a>是超级链接，但是若是没有 href 属性，它仅仅是超级链接的一个占位符。

3. 列表标记

列表标记可以在网页中以列表形式排序文本元素，列表有 3 种：有序列表、无序列表、自定义列表。

列表标记如表 2-2 所示。

表 2-2　　　　　　　　　　　　列表标记

标　记	描　述
<ul>	无序列表
<ol>	有序列表
<dl>	定义列表
<dt>、<dd>	定义列表的标记
<li>	列表项目的标记

实例【test2-4】　　"HTML 列表标记"页面代码。

```
<HTML>
<HEAD>
<TITLE>HTML 列表标记</TITLE>
</HEAD>
<BODY>
水果
<ul type=a>
<li>苹果</li>
<li>梨</li>
<li>香蕉</li>
<li>桃</li>
</ul>
蔬菜
<ol>
<li>西红柿</li>
<li>茄子</li>
<li>黄瓜</li>
<li>冬瓜</li>
</ol>
```

```
<dl>
<dt>色相</dt>
<dd>色彩的相貌、名称</dd>
<dd>赤橙黄绿青蓝紫</dd>
<dd>色相是一个环</dd>
<dt>饱和度</dt>
<dd>颜色的纯度</dd>
</dl>
</BODY>
</HTML>
```

在浏览器中，浏览器效果如图 2-3 所示，可以看到显示了 3 种不同的列表。

图 2-3　列表显示窗口

列表符号可以有下面几种形式。

- \<li type=1\>表示以大写 I 开始。
- \<li type=i\>表示以小写 i 开始。
- \<li type=A\>表示以大写字母开始。
- \<li type=a\>表示以小写字母开始，如本例中的水果列表。
- \<ol start=n \>以指定的 n 开始。

2.2　CSS 3.0 样式基础

层叠样式表单（Cascading Style Sheet，CSS）是主要用于设置网页样式的一种标记性语言。它可以将网页和格式进行分离，提供页面布局更强的控制能力及更快的下载速度。在如今的网页制作中，几乎所有的网页都会用到 CSS。有了 CSS 的控制，网页会得到一种非同凡响的效果。

2.2.1 CSS 3.0 简介

CSS 是计算机中的一种标记性语言，配合 HTML 语言对页面的外观进行控制。CSS 技术产生于 1996 年，由于早期并没有浏览器，很多人对它并不重视，然而目前的大多数浏览器都支持 CSS。正因为 CSS 允许在 HTML 文档中加入一些样式，如字体的类型、颜色、大小等，所以对于页面设计者来说，它是一个十分灵活的工具。网页开发人员可以用它对网页内容与外观控制进行分离。CSS 样式表的应用也十分灵活，既可在某一行进行定义，也可在页面的特定位置进行定义，甚至可以作为外部样式文件在网页上进行调用，真正实现外观控制与内容功能的分离。

CSS 规范是由 W3C 组织负责制订和颁布的，1996 年 12 月发布的 CSS 为 1.0 规范，1998 年发布了 2.0 规范，目前还有 2.1 和 3.0 两个规范版本处于应用状态。CSS 3 只是表示下一代 CSS，3 只是版本号。

W3C 属于一个民间技术组织，行业中没有一个统一的规范，也没要求各软件厂家必须符合 CSS 规范。因此，各种类型的浏览器对 CSS 的支持并不完全相同，这也给开发者带来一些不便，但目前主流的浏览器 IE6、IE7 以及 Firefox 等已经将 CSS 作为事实的技术规范，CSS 因此得到了非常好的支持。

2.2.2 CSS 3.0 特点

第一，简化了网页的格式代码，外部的样式表还会被浏览器保存在缓存里，加快了下载显示的速度，也减少了需要上传的代码数量（因为重复设置的格式将被只保存一次）。

第二，只要修改保存着网站格式的 CSS 样式表文件就可以改变整个站点的风格特色。在修改页面数量庞大的站点时，这个特点显得格外有用。这样避免了一个一个网页的修改，大大减少了重复劳动的工作量。

第三，层叠。简单地说，层叠就是对一个元素多次设置同一个样式，这将使用最后一次设置的属性值。比如我们对一个站点中的多个页面使用同一套 CSS 样式表，而某些页面中的某些元素想使用其他样式，我们就可以针对这些样式单独定义一个样式表应用到页面中，这些后来定义的样式将对前面的样式设置进行重写，我们在浏览器中看到的将是最后设置的样式效果。

2.2.3 添加样式表的方法

为网页添加样式表的方法有四种。

1. 直接添加在 HTML 的标识符（tag）里

```
< Tag style="properties">网页内容< /tag>
```

举个例子：

```
< p style="color: blue; font-size: 10pt">CSS 实例< /p>
```

代码说明：用蓝色显示字体大小为 10pt 的"CSS 实例"。尽管使用简单，显示直观，但是这种方法不怎么常用，因为这样添加无法完全发挥样式表的优势"内容结构和格式控制分别保存"。

2. 添加在 HTML 的头信息标识符<head>里

```
< head>
< style type="text/css">
< !-- 样式表的具体内容 -->
< /style>
< /head>
```

代码说明：type="text/css"表示样式表采用 MIME 类型，帮助不支持 CSS 的浏览器过滤掉 CSS 代码，避免在浏览器面前直接以源代码的方式显示我们设置的样式表。但为了保证上述情况一定不要发生，还是有必要在样式表里加上注释标识符"<!--注释内容-->"。

3. 链接样式表

同样是添加在 HTML 的头信息标识符< head>里。

```
< head>
< link rel="stylesheet"href="*.css"type="text/css"media="screen">
< /head>
```

代码说明：*.css 是单独保存的样式表文件，其中不能包含< style>标识符，并且只能以.css 为后缀。

Media 是可选的属性，表示使用样式表的网页将用什么媒体输出。取值范围如下。

- Screen（默认）：输出到计算机屏幕。
- Print：输出到打印机。
- TV：输出到电视机。
- Projection：输出到投影仪。
- Aural：输出到扬声器。
- Braille：输出到凸字触觉感知设备。
- Tty：输出到电传打字机。
- All：输出到以上所有设备。

如果要输出到多种媒体，可以用逗号分隔取值表。

Rel 属性表示样式表将以何种方式与 HTML 文档结合。取值范围如下。

- Stylesheet：指定一个外部的样式表。
- Alternate stylesheet：指定使用一个交互样式表。

4. 联合使用样式表

同样是添加在 HTML 的头信息标识符< head>里。

```
< head>
< style type="text/css">
< !--
@import"*.css"
其他样式表的声明
-->
< /style>
< /head>
```

代码说明：以@import 开头的联合样式表输入方法和链接样式表的方法很相似，但联合样式表输入方式更有优势，因为联合法可以在链接外部样式表的同时，针对该网页的具体情况，做出别的网页不需要的样式规则。

2.2.4 CSS 的语法

CSS 也是一种语言，一种标识页面样式的标记语言，所以它也有自己的语法。

CSS 语法由三部分构成：选择器、属性和值。selector {property: value}选择器通常是你希望定义的 HTML 元素或标签，属性（property）是你希望改变的属性，并且每个属性都有一个值。属性和值被冒号分开，并由花括号包围，这样就组成了一个完整的样式声明（declaration）。body {color: blue}代码的作用是将 body 元素内的文字颜色定义为蓝色。body 是选择器，而包括在花括号内的部分是声明。声明依次由两部分构成：属性和值，color 为属性，blue 为值。

CSS 样式表定义语句的格式如下：

```
Selector{
Property:value;
Property:value
}
```

就如下面这个实例定义 body 元素设置的样式。

```
Body
{
font-family: Verdana,
color:blue;
font-size:13px
}
```

2.2.5 增强 CSS 的可读性

CSS 毕竟不是我们通常使用的自然语言，所以经常会有些令人难懂，或者看起来不是很直观的地方。这样我们在以后维护的时候就需要浪费很多时间去阅读理解这些设置代码，非常不方便。

当然，使用自然语言对 CSS 样式表进行定义在当前情况下显然是不可能的事情，所以我们需要想一些办法，提高 CSS 样式代码的可读性。对于这个问题，有一个首选的方式就是使用注释。

注释是对代码的一种说明性的标记，可以使用它对程序代码进行说明，使其更加易读易懂。在 CSS 中可以使用斜杠"/"和星号"*"的组合来标记 CSS 文件的注释。比如下面代码就定义了一行 CSS 注释。

```
/* 这是一行注释 */
```

当然，前面章节中定义的 CSS 样式也可以更进一步地进行优化，如下：

```
body {   /* 对body标记添加样式 */
text-align:center;   /* 设置元素中文本对齐方式为center（居中） */
padding-top:70px;   /* 设置元素顶部填充空间为70px（像素） */
color:#805231;   /* 设置元素的文本颜色为#805231 */
font-family:"Monotype Corsiva";   /*设置元素中文本的字体为Monotype Corsiva */
}
```

这样是不是就会觉得更加清晰易读了？

当然，有些常用的，一看就明白的属性没必要加注释，比如 color 等。这些没必要添加注释的代码省去注释会显得非常简洁，所以注释也不是越多越好。具体使用方式视情况而定，灵活运用即可。

2.2.6 CSS 优先级

CSS 优先级，是指 CSS 样式在浏览器中被解析的先后顺序。作为页面设计人员，了解这一点是十分重要的，因为这直接关系到页面最终展示的效果。

要了解 CSS 样式的优先级，我们必须知道 CSS 样式规则的一个很重要的特性——继承性。CSS 只是一组规则，因此当规则重复定义时并不会有什么警告或者提示，因为有时候我们需要对样式进行重新定义而编写重复的规则。

比如我们在页面中导入多个样式表文件，多个样式表文件中都对 body 元素的背景进行了不同的设置，则系统自动使用最后一次匹配的样式进行展示。

举一个简单的例子，比如我们不小心在同一个样式规则中多次设置 div 元素中文本的颜色，代码如下：

```
div {
    color:red;
    color:blue;
}
```

上面代码先后两次为 div 标记设置了文本颜色属性，页面中展示出来的将是最后一次设置的值，这里是蓝色（blue）。

另外，不同 CSS 样式的引入方式也可能会对该原则造成影响，这一点主要体现在引入外部 CSS 样式表文件中。

引入外部 CSS 样式表文件有两种方式，使用起来各有差异，详细说明如下。

@import 语句导入：该语句导入的 CSS 样式表文件内容会自动加入到当前 style 元素的顶端执行，也就是说导入的样式先于当前 style 元素中配置的任何 CSS 样式执行。如果当前 style 元素中导入多个 CSS 样式表文件，那么它们之间则按导入的先后顺序进行解释执行。当然多个 style 元素互相之间就没有什么影响了。

link 元素链入：该元素的使用比较简单，它只在使用 link 元素链入样式表文件的位置进行解析，先后顺序以 link 标签的顺序为准，这一点没有什么异议。

当然，如果上升到 HTML 文档级别，style 元素和 link 元素执行的先后顺序就以它们在 HTML 文档中的先后顺序为准。

练 习 题

一、简答题

1. 简述 HTML5 具有哪些优缺点。

2. 简述 CSS 3.0 样式表基本特点和语法特征。
3. CSS 样式表添加的方式都有哪几种？

二、单项选择题

1. HTML 中的<p></p>标记用来定义（   ）。
   A. 一个表格   B. 一个段落   C. 一个单元格   D. 一个标题
2. HTML 的文档<tittle></tittle>标记用于定义（   ）。
   A. 单元格   B. 区块   C. 水平线   D. 窗口标题
3. CSS 样式中，FONT-SIZE 属性用于定义（   ）。
   A. 字体大小   B. 背景颜色   C. 边线粗细   D. 单元格边距

第 3 章
PHP 语言基础

PHP 独特的语法混合了 C、Java、Perl 以及 PHP 自创的语法，可以比 CGI 或者 Perl 更快速地执行动态网页。与其他的编程语言相比，PHP 做出的动态页面是将程序嵌入 PHP 文档中去执行，执行效率比完全生成 HTML 标记的 CGI 要高许多，本章将介绍 PHP 语法入门基础。

3.1 PHP 语法入门

3.1.1 PHP 代码书写

PHP 文件通常是将 PHP 语句段嵌入 HTML 标记中，其文件内容包含两部分：PHP 标记和 HTML 标记。要使用 PHP，需要为该语言添加开始和结束的标记，告诉浏览器此处使用的是 PHP 脚本。

PHP 代码我们以<?PHP 开始，以?>结束。如：

```
<?php
…
?>
```

这种风格我们称之为标准风格，我们也可以省去 PHP 三个字母，即我们常说的简短风格。如：

```
<?
…
?>
```

除了上述两种嵌入方式以外，还有两种嵌入方式，即使用类似 javascript 的嵌入方式和使用类似 ASP 的嵌入方式，其标记如下：

```
<script language="php">
…
</script>
或
<%
…
%>
```

3.1.2 PHP四种标记方式

上述4种嵌入方法并不可以直接使用,在确定浏览器支持上述嵌入方式之后,需要修改PHP的配置文件,以确保上述嵌入方法可直接使用,参见表3-1。

表3-1 四种标记方式对比

四种方式	注意事项
<?php ?>	直接使用
<? ?>	需要在配置文件中修改 short_open_tag=on
<script language="php"> </script>	直接使用
<% %>	需要在配置文件中修改 asp_tags=on

3.1.3 PHP实例

实例【test3-1】 创建一个名称为test1.php的PHP文件,在文件中写入HTML标记,并添加PHP标记,用四种方式输入文本"我们开始学习PHP程序设计"。代码如下。

方法一:

```
<html>
<body>
<?php
echo"我们开始学习PHP程序设计";
?>
</html>
```

方法二:

```
<html>
<body>
<?
echo"我们开始学习PHP程序设计";
?>
</html>
```

方法三:

```
<html>
<body>
<script language="php">
echo"我们开始学习PHP程序设计";
</script>
</html>
```

方法四:

```
<html>
<body>
<%
echo"我们开始学习PHP程序设计";
```

```
%>
</html>
```

第一种方法运行结果如图 3-1 所示。

图 3-1 "方法一"运行效果

第二种方法需要按图 3-2 所示进行设置之后再运行。

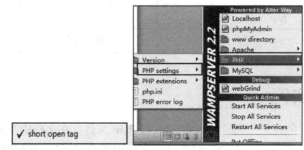

图 3-2 "方法二"设置方法

第三种方法直接运行。

第四种方法需要按图 3-3 所示进行设置之后再运行。

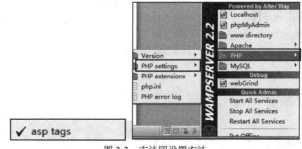

图 3-3 方法四设置方法

3.2 PHP 程序注释

注释的作用是不可低估的，它能够插入在代码之中，对指定的代码做出解释，方便对代码的阅读和维护。

PHP 注释有两种类型，一种是单行注释，一种是多行注释。

3.2.1 单行注释

在一行中所有//符号右面的文本都被视为注释，因为 PHP 解析器忽略该行//右面的所有内容。

实例【test3-2】 将注释和代码放在同一行，对输出语句进行注释，代码如下。

```php
<?php
echo "helloword"; //这是输出语句
?>
```

实例【test3-3】 注释和代码放在不同行，对输出语句进行注释，代码如下。

```php
<?php
//输出语句
echo "helloword"; ?>
```

实例【test3-4】 直接将代码注释掉，代码如下。这种方法一般用于代码纠错。

```php
<?php
//echo "helloword";
?>
```

3.2.2 多行注释

多行注释不同于单行注释，它需要有注释的开始符号和结束符号，开始符号为"/*"，结束符号为"*/"。

实例【test3-5】 多行注释的例子。

```php
<?php
/*
*函数功能
*@param $param1, int 参数含义
*@param $param2, string 参数含义
*@return boolean 参数含义
*/
function func1($param1, $param2){
//your code here……
return 'somthing';
}
?>
```

3.2.3 HTML 注释

多行注释是针对 PHP 语句的注释，该注释对 HTML 标记和 PHP 标记无效，只能够在 PHP 语句的开始标记和结束标记内部使用，因此若使用它注释掉整个 PHP 语句块，将无法得到用户满意的执行效果。

实例【test3-6】 多行注释的例子。

```php
<html>
<body>
/*
<?php
echo "我会被显示出来吗";
?>
```

```
*/
</body>
</html>
```

运行结果如图 3-4 所示。

图 3-4　多行注释运行效果

```
<html>
<body>
<!--
<?php
echo "我会被显示出来吗";
?>
-->
</body>
</html>
```

运行上述 PHP 代码，浏览器中不会显示任何内容。

总结：如果需要注释掉整个 PHP 语句块，需要 HTML 注释，来实现对 PHP 标记的彻底注释。HTML 注释的开始符号为<!--,结束符号为-->。

服务器在执行 php 文件时，会去寻找<?php ?>开始、结束符号，在里面的代码就会被执行，然后返回一个 HTML 文件，所以 html 代码是没有被处理过的，只有<?php ?>之间的代码才会被处理。

3.3　PHP 输出函数

PHP 输出函数有 echo()与 print()以及格式化输出函数 printf()和 sprintf()。

3.3.1　echo 函数

echo 语法定义如下：

```
void echo(string 参数1,string 参数2……)
```

echo()函数可以一次输出多个字符串、HTML 标记或变量。可以用圆括号，也可以不用，在实际应用中，我们一般不用圆括号；echo 更像一条语句，无返回值。

实例【test3-7】　字符串输出的三种方法比较。

方法一：使用逗号来输出。

```php
<?php
echo "今天天气很好","我们出去玩吧";
?>
```

方法二：使用圆点来输出。

```php
<?php
echo "今天天气很好"."我们出去玩吧";
?>
```

方法三：添加括号。

```php
<?php
echo ("今天天气很好"."我们出去玩吧");
?>
```

需要注意的是在方法三中括号里边的圆点不能改成逗号，否则运行结果会出错。

我们都知道 echo 中是可以用逗号来连接字符串的，并且经过测试，这样的连接字符串方式比直接用点号要快。

也许很多人都知道逗号要比点号快，但是不知道为什么，更不知道这两者到底有什么区别。

下面我们就举一些例子，来认清楚它们之前的区别。

实例【test3-8】 echo 变量用圆点输出。

```php
<?php
echo '1+5='. 1+5;
?>
```

运行结果如图 3-5 所示。

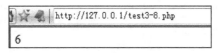

图 3-5　echo 圆点用法

看看上面输出的结果是 6，而不是 1+5=6。有些神奇吧?更神奇的是下面的例子。

实例【test3-9】 echo 变量交换顺序用圆点输出。

```php
<?php
echo '1+5='. 5+1;
?>
```

运行结果如图 3-6 所示。

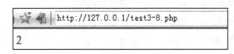

图 3-6　交换顺序运行效果

输出 2，结果十分奇怪，我们看到：我们把 5 和 1 换了一下位置，结果就变成 2 了。为什么会这样？难道在 PHP 中加法是没有交换律的?当然不是。我们先不去想为什么，如果我把上面的点号换成逗号试一下。

实例【test3-10】 echo 变量用逗号输出。

```
<?php
echo '1+5=', 5+1;
?>
```

运行结果如图 3-7 所示。

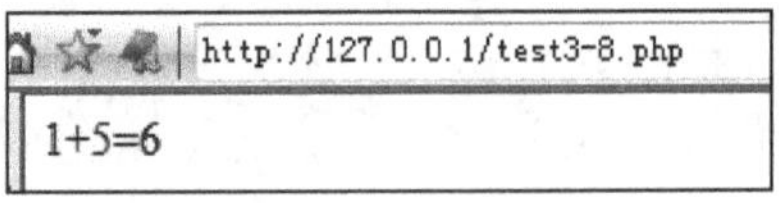

图 3-7　echo 逗号用法

实例【test3-11】　echo 变量用逗号输出。

```
<?php
echo '1+5=', 1+5;
?>
```

运行结果如图 3-8 所示。

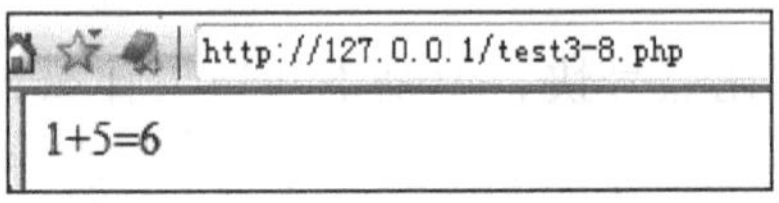

图 3-8　echo 逗号交换顺序

可以看出，只有使用逗号我们才可以得到意料中的结果。那为什么点号就不行呢？逗号为什么就行呢？在实例【test3-8】中，我们给'1+5' . 1 加个括号变成 echo ('1+5' . 1)+5，同样该语句输出结果为 6。这证明 PHP 是先连接字符串，再进行加法计算了，按照从左向右的方向进行。既然是先连接的字符串，那么就应该是"1+51"了，然后再用这个字符串加上 5，那为什么就会输出 6 呢？

这个跟 PHP 中字符串变成数字的机制是相关的，我们来看下面的例子。

```
echo (int)'abc1';     //输出 0
echo (int)'1abc';    //输出 1
echo (int)'2abc';    //输出 2
echo (int)'22abc';   //输出 22
```

从上面的例子我们可以看出，如果将一个字符串强制转换成一个数字，PHP 会去搜索这个字符串的开头。如果开头是数字，就转换；如果不是，就直接返回 0。回到刚才的"1+51"，既然这个字符串是"1+51"，所以强制类型转换后就应该是 1 了，在此基础上加 5，当然是 6 了。

为了证明我们的猜想，我们来验证一下。

```
echo '5+1=' . 1+5;  //输出 10，'5+1=' . 1 强制转换后为 5，5+5=10
echo '5+1=' . 5+1;  //输出 6，'5+1=' . 5 强制转换后为 5，5+1=6
echo '1+5=' . 1+5;  //输出 6，'1+5=' . 1 强制转换后为 1，1+5=6
echo '1+5=' . 5+1;  //输出 2，'1+5=' . 5 强制转换后为 1，1+1=2
```

结果证明，我们的设想是正确的。那么为什么使用逗号就没有上面的问题了呢？用逗号是 multiple parameters，也就是说是多参数。换句话说，逗号分隔开的就相当于是 N 个参数，也就是说应把 echo 当函数用。

这样的话，echo 会对每个参数先进行计算，最后再进行连接后输出，所以我们用逗号就不存在上面的问题了。

3.3.2　print 函数

print()函数输出一个或多个字符串，可以用圆括号，也可不用，在实际应用中，我们一般不用圆括号；print()函数有返回值，其返回值为 1，当其执行失败时返回 false。

实例【test3-12】 print()函数的应用。

```php
<?php
print ("我们开始学习 print 函数")."<br>";
print "我们开始学习 print 函数"."<br>";
echo print("我们开始学习 print 函数")."<br>";
?>
```

运行结果如图 3-9 所示。

如果把上述 print()函数里边的点号换成逗号，运行结果如图 3-10 所示。

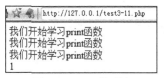
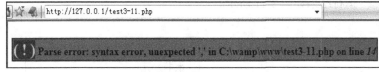

图 3-9　print 函数示例　　　　　　　　图 3-10　print 函数用逗号示例

由上述总结 echo 和 print 函数的区别，参见表 3-2。

表 3-2　　　　　　　　　　echo 函数和 print 函数的区别

函数名	echo	print
有无返回值	无返回值	有返回值
分隔符	逗号或者圆点	只能用圆点
返回值类型	无	1 或者 0

3.3.3　printf 函数

print()函数和 echo()函数均可输出指定的文字、变量和返回值，但是其输出的结果是没有格式的，只有简单的文字形式。下面介绍 printf 函数，该函数可以格式化输出。

其中格式化字符串包括两部分内容：一部分是正常字符，这些字符将按原样输出；另一部分是格式化规定字符，以 "%" 开始，后跟一个或几个规定字符，用来确定输出内容格式。

参量表是需要输出的一系列参数，其个数必须与格式化字符串所说明的输出参数个数一样多，各参数之间用 "，" 分开，且顺序一一对应，否则将会出现意想不到的错误。

常用类型转换符如下。

%b 整数转二进制。

%c 整数转 ASCII 码。

%d 整数转有符号十进制。

%f 整数转浮点。

%o 整数转八进制。

%s 整数转字符串。

%u 整数转无符号十进制。

%x 整数转十六进制（小写）。

实例【test3-13】 分别使用数字 20 的%d 格式和%f 格式，输出"这本书 20 元"的文本。

```
<?php
printf("这本书%d元","20");
echo "<br>";
printf("这本书%f元","20");
echo "<br>";
echo printf("这本书%f元","20");
?>
```

运行结果如图 3-11 所示。

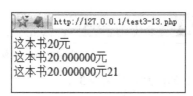

图 3-11　printf 函数实例

其中 21 是 printf()函数的返回值——字符串的长度 21，需要用 echo 才能输出。

3.3.4　sprintf 函数

sprintf()函数与 printf()函数类似，printf()函数的返回值是字符串的长度，而 sprintf()函数的返回值则是字符串的本身。因此，sprintf()函数必须通过 echo 才能输出。

实例【test3-14】 使用 sprintf 函数输出。

```
<?php
echo sprintf("这本书%f元","20");
?>
```

运行结果如图 3-12 所示。

如果省略掉了 echo，那么浏览器中输出为空。

sprintf()和 printf()的用法和 C 语言中的 printf()非常相似。我们经常用 sprintf()将十进制转换成其他进制。

实例【test3-15】 使用 spriptf 函数进行进制的转换。

```
<?php
echo sprintf("%b","20");
?>
```

运行结果如图 3-13 所示。

图 3-12 sprintf 函数实例

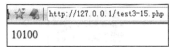
图 3-13 sprintf 函数进制转换

即将十进制 20 转换成二进制 10100。

3.4 PHP 变量

变量用于存储值，比如数字、字符串或数组。一旦设置了某个变量，我们就可以在脚本中重复地使用它。PHP 变量必须以$符开始，然后再加上变量名。

3.4.1 变量的命名

1. 变量名必须以字母或者下画线 "_" 开头，后面跟上任意数量的字母、数字或者下画线。
2. 变量名不能以数字开头，中间不能有空格及运算符。
3. 变量名严格区分大小写，即$UserName 与$username 是不同的变量。
4. 为避免命名冲突，不允许使用与 PHP 内置的函数相同的名称。
5. 在为变量命名时，尽量使用有意义的字符串。

实例【test3-16】 变量的命名实例。

```
$_myname;       //合法,但是不推荐使用,它与超级全局变量很相似
$name;          //合法,推荐使用
$123name;       //不合法,变量名不允许以数字开头
$user_name;     //合法,推荐使用
$user&name;     //不合法,变量名不允许包含&符号
$用户名;         //不合法,PHP 5 不允许使用汉字或多字节字符作为变量名
```

上述变量，有些变量理论上是允许的，但是在实际开发中却是不规范的，因此尽量使用标准的英文来命名变量，而不要随意命名，做到命名的变量见名知意。

3.4.2 变量赋值

变量赋值有两种方式：传值赋值和引用赋值。这两种赋值方式在对数据的处理上存在很大差别。

1．传值赋值

这种赋值方式使用"="直接将一个变量（或表达式）的值赋给变量。使用这种赋值方式，等号两边的变量值互不影响，任何一个变量值的变化都不会影响到另一个变量，如图 3-14 所示。

从根本上讲,传值赋值是通过在存储区域复制一个变量的副本来实现的,应用传值赋值的示例代码如下。

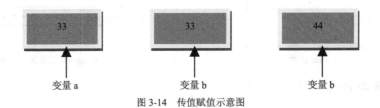

图 3-14 传值赋值示意图

实例【test3-17】 传值赋值。

```
<?php
$a = 33;
$b = $a;
$b = 44;
echo "变量 a 的值为".$a."<br>";
echo "变量 b 的值为".$b;
?>
```

在上面的代码中,执行"$a = 33"语句时,系统会在内存中为变量 a 开辟一个存储空间,并将"33"这个数值存储到该存储空间。

执行"$b = $a"语句时,系统会在内存中为变量 b 开辟一个存储空间,并将变量 a 所指向的存储空间的内容复制到变量 b 所指向的存储空间。

执行"$b = 44"语句时,系统将变量 b 所指向的存储空间保存的值更改为"44",而变量 a 所指向的存储空间保存的值仍然是"33"。

运行结果如图 3-15 所示。

图 3-15 变量赋值

2. 引用赋值

引用赋值同样也是使用"="将一个变量的值赋给另一个变量,但是需要在等号右边的变量前面加上一个"&"符号。实际上这种赋值方式并不是真正意义上的赋值,而是一个变量引用另一个变量。在使用引用赋值的时候,两个变量将会指向内存中同一存储空间,如图 3-16 所示。因此任何一个变量的变化都会引起另外一个变量的变化。应用引用赋值的示例代码如下。

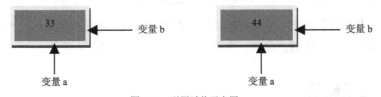

图 3-16 引用赋值示意图

实例【test3-18】 引用赋值。

```
<?php
$a = 33;
$b = &$a;
$b = 44;
echo "变量 a 的值为".$a."<br>";
```

```
echo "变量b的值为".$b;
?>
```

在上面的代码中执行"$a = 33"语句时，对内存进行操作的过程与传值赋值相同，这里就不再介绍了。执行"$b = &$a"语句后，变量b将会指向变量a所占有的存储空间。执行"$b = 44"语句后，变量b所指向的存储空间保存的值变为"44"。此时由于变量a也指向此存储空间，所以变量a的值也会变为"44"。

运行结果如图3-17所示。

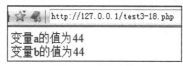

图3-17　传值赋值

3.4.3　可变变量

可变变量是指一个变量的变量名可以动态地设置和使用，有些资料会将其称为变量的变量。

实例【test3-19】　可变变量。

```
<?php
$a = "hello";
$$a = "world";
echo $a, "<br>",$aa, "<br>",$hello;
?>
```

运行结果如图3-18所示。

图3-18　可变变量

在上面的例子中，通过使用两个$符号，你可以把变量值hello设置成一个变量的名称。

3.4.4　变量作用域

在使用PHP语言进行开发的时候，我们几乎可以在任何位置声明变量。但是变量声明位置及声明方式的不同决定了变量作用域的不同。所谓的变量作用域，指的是变量在哪些范围内能被使用，在哪些范围内不能被使用。PHP中的变量按照作用域的不同可以分为局部变量、全局变量和静态变量。

1．局部变量

局部变量是声明在某一函数体内的变量，该变量的作用范围仅限于其所在的函数体的内部。如果在该函数体的外部引用这个变量，则系统将会认为引用的是另外一个变量。

应用局部变量的示例代码如下。

实例【test3-20】 局部变量。

```php
<?php
function local(){
$a = 10;              //在函数内部声明一个变量a并赋值
echo "函数内部变量a的值为".$a."<br>";
}
local();              //调用函数local(),用来打印出变量a的值
$a = 20;              //在函数外部再次声明变量a并赋另一个值
echo "函数外部变量a的值为".$a;
?>
```

运行结果如图 3-19 所示。

2. 全局变量

全局变量可以在程序的任何地方被访问，这种变量的作用范围是最广泛的。要将一个变量声明为全局变量，只需在该变量前面加上"global"关键字，不区分大小写，也可以是"GLOBAL"。使用全局变量，我们能够实现在函数内部引用函数外部的参数，或者在函数外部引用函数内部的参数。

应用全局变量的示例代码如下。

实例【test3-21】 全局变量，在函数内部引用函数外部的变量。

```php
<?php
$a = 10;              //在外部定义一个变量a
function local(){
global $a;            //将变量a声明为全局变量
echo "在local函数内部获得变量a的值为".$a."<br>";
}
local();              //调用函数local(),用于输出local函数内部变量a的值
?>
```

在浏览器中输出结果如图 3-20 所示。

图 3-19 局部变量

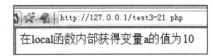

图 3-20 函数外部引用函数内部的变量

实例【test3-22】 全局变量，在函数外部引用函数内部的变量。

```php
<?php
$a = 10;                          //在外部定义一个变量a
function local(){
global $a;                        //将变量a声明为全局变量
$a=20;                            //修改变量的值
echo "在local函数内部获得变量a的值为".$a."<br>";
}
local();                          //调用函数local(),用于输出local函数内部变量a的值
echo "函数外部输出变量a的值为" ,$a;  //输出local函数外部变量a的值
?>
```

运行结果如图 3-21 所示。

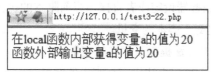

图 3-21 函数外部引用函数内部的变量

3. 静态变量

函数执行时所产生的临时变量，在函数结束时就会自动消失。如果因为程序需要，在循环过程中不希望变量每次执行完函数就消失的话，那么我们就要采用静态变量、静态变量是指用 static 声明的变量。这种变量与局部变量的区别是当静态变量离开了它的作用范围后，它的值不会自动消亡，而是继续存在，当下次再用到它的时候，可以保留最近一次的值。

应用静态变量的示例代码如下。

实例【test3-23】 静态变量。

```
<?php
function add()
{
static $a = 10;
$a++;
echo $a."<br >";
}
add ();
add ();
add ();
?>
```

运行结果如图 3-22 所示。

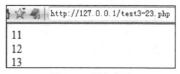

图 3-22 静态变量

这段程序中主要定义了一个函数 add()，然后分 3 次调用 add()。

如果用局部变量的方式来分工这段代码，3 次的输出应该都是 10。但实际输出却是 11、12 和 13。这是因为变量 a 在声明的时候被加上了一个修饰符 static，这就标志着 a 变量在 add()函数内部就是一个静态变量了，具备记忆自身值的功能，当第一次调用 add 时，a 由于自加变成了 11，这个时候，a 就记住自己不再是 10，而是 11 了，当我们再次调用 add 时，a 再一次自加，由 11 变成了 12……由此，我们就可以看出静态变量的特性了。

3.4.5 超级全局变量

超级全局变量也叫作预定义变量，是 PHP 系统中自带的变量，它可让你的程序设计更加的方便快捷。它的类型包括：

$GLOBALS：包含一个引用指向每个当前脚本的全局范围内有效的变量，该数组的键名为全局变量的名称，从 PHP 3 开始存在$GLOBALS 数组。

$_SERVER：变量由 Web 服务器设定或者直接与当前脚本的执行环境相关联，类似于旧数组。

$_GET：经由 URL 请求提交至脚本的变量。

$_POST：经由 HTTP POST 方法提交至脚本的变量。

$_COOKIE：经由 HTTP Cookies 方法提交至脚本的变量。

$_FILES：经由 HTTP POST 文件上传而提交至脚本的变量。

$_ENV：执行环境提交至脚本的变量。

$_REQUEST：经由 GET，POST 和 COOKIE 机制提交至脚本的变量。

$_SESSION：当前注册给脚本会话的变量。

实例【test3-24】 超级全局变量$_SERVER。

```
<?php
echo "当前文件为".$_SERVER["PHP_SELF"];
echo "<br>";
echo "当前服务器的 IP 地址为: ".$_SERVER["SERVER_ADDR"];
?>
```

运行结果如图 3-23 所示。

实例【test3-25】 超级全局变量$_REQUEST。

```
<html>
<body>
<form method="post" action="<?phpecho$_SERVER['PHP_SELF'];?>">
Name:<input type="text" name="fname"/>
<input type="submit"/>
</form>
<?php
$name=$_REQUEST['fname'];
Echo $name;
?>
</body>
</html>
```

运行结果如图 3-24 所示。

图 3-23 超级全局变量$_SERVER

图 3-24 超级全局变量$_REQUEST

3.5　PHP 常量

PHP 常量是一个简单值的标识符（名字）。如同其名称所暗示的，在脚本执行期间该值不能改变（除了所谓的魔术常量，它们其实不是常量）。

PHP 常量默认为大小写敏感。传统上常量标识符总是大写的。

PHP 常量名和其他任何 PHP 标签遵循同样的命名规则。合法的常量名以字母或下画线开始，后面跟着任何字母、数字或下画线。

3.5.1 定义常量

PHP 中通过 define()函数实现常量的定义，其基本语法如下：

```
define("常量名"，常量值[,可选参数取值为 true 或 false])
```

合法的常量名：

```
define("NAME", "lixiangyi");
define("NAME2", "lixiangyi19");
define("NAME_2", "lixiangyi1984");
```

非法的常量名：

```
define("2NAME", "lixiangyi");
```

下面的定义是合法的，但应该避免这样做（自定义常量不要以__开头）。

```
define("__NAME__", "lixiangyi1984");
```

常量的定义很简单，但是需要注意以下事项。

（1）常量前面没有$。

（2）常量定义以后，不能重新定义或取消。

（3）常量是全局的，可以在脚本的任何位置引用。

3.5.2 引用常量

实例【test3-26】 引用常量。

```
<?php
define("PI",3.1415926);
$r=5;
$area=PI*$r*$r;
echo "半径为",$r,"的圆的面积是",$area;
?>
```

运行结果如图 3-25 所示。

图 3-25 引用常量

3.5.3 魔术常量

php 向它运行的任何脚本提供了大量的预定义常量。不过很多常量都是由不同的扩展库定义的，只有在加载了这些扩展库时才会出现，或者动态加载后，或者在编译时已经包括进去了。有五个魔术常量根据它们使用的位置而改变。例如__LINE__的值就依赖于它在脚本中所处的行来决定。这些特殊的常量不区分大小写，参见表 3-3。

表 3-3　　　　　　　　　　　　　　魔术常量列表

魔术常量	名称	说　　明
__LINE__	行号	文件中的当前行号
__FILE__	文件名	文件的完整路径和文件名
__FUNCTION__	函数名	函数被定义时的名字（区分大小写）
__CLASS__	类名	类名称，返回该类被定义时的名字（区分大小写）
__METHOD__	方法名	返回该方法被定义时的名称（区分大小写）
__DIR__	目录	返回当前脚本的目录
__NAME__	命名空间	返回当前脚本的命名空间

实例【test3-27】　　魔术常量。

```
<?php
class magic{
function showMagic(){
echo "当前行号为".__LINE__."<br>";
echo "当前文件所在路径".__FILE__."<br>";
echo "当前函数名称".__FUNCTION__."<br>";
echo "类名为".__CLASS__."<br>";
echo "方法名为".__METHOD__."<br>";
echo "目录名为".__DIR__."<br>";
echo "命名空间为".__NAMESPACE__."<br>";
}
}
$test=new magic();
$test->showMagic();
?>
```

运行结果如图 3-26 所示。

图 3-26　魔术常量

3.6 数据类型

数据类型是具有相同特性的一组数据的统称。PHP 早就提供了丰富的数据类型，PHP 5 中又有更多补充。数据类型可以分为 3 类：标量数据类型、复合数据类型和特殊数据类型，参见表 3-4。

表 3-4　　　　　　　　　　　　　数据类型

标量类型	整型	浮点型	布尔型	字符串
符合类型	数组		对象	
特殊类型	资源		Null	

1. **整型（integer）**

PHP 中的整型指的是不包含小数部分的数据。在 32 位操作系统中，整型数据的有效范围在 "−2147483648 ~ +2147483647" 之间。整型数据可以用十进制（基数为 10）、八进制（基数为 8，以 0 作为前缀）或十六进制（基数为 16，以 0x 作为前缀）表示，并且可以包含 "+" 和 "−"。整型数据的用法如下面代码所示。

实例【test3−28】 输出整型。

```
<?php
$a = 40; //十进制整型数据
$b = -040; //八进制整型数据
$c = 0x40; //十六进制整型数据
echo $a."<br>";
echo $b."<br>";
echo $c;
?>
```

运行结果如图 3-27 所示。

如果给定的数字超出了整型数据规定的范围，则会产生数据溢出。对于这种情况，PHP 会自动将整型数据转化为浮点型数据。

2. **浮点型（float）**

浮点型数据就是通常所说的实数，可分为单精度浮点型数据和双精度浮点型数据。浮点数主要用于简单整数无法满足的形式，比如长度、重量等数据的表示。浮点型数据的用法如下面代码所示。

实例【test3−29】 输出浮点型。

```
<?php
$a = 1.2;
$b = -0.34;
$c = 1.8e4; //该浮点数表示1.8×10⁴
echo $a."<br>";
```

```
echo $b."<br>";
echo $c;
?>
```

在浏览器中输出结果如图 3-28 所示。

图 3-27　输出整型

图 3-28　输出浮点型

3. 布尔型（boolean）

布尔型数据是在 PHP 4 中开始出现的，一个布尔型的数据只有"true"和"false"两种取值，分别对应逻辑"真"与逻辑"假"。布尔型变量的用法如下面代码所示。在使用布尔型数据类型时，"true"和"false"两个取值是不区分大小写的，也就是说"TRUE"和"FALSE"同样是正确的。

实例【test3-30】　输出布尔型。

```
<?php
$a = true;
$b = false;
echo $a;
echo $b;
?>
```

运行结果如图 3-29 所示。

当布尔值为"true"时，输出为 1，当布尔值为"false"时，输出为空。

4. 字符串（string）

字符串是一个字符的序列。组成字符串的字符是任意的，可以是字母、数字或者符号。在 PHP 中没有对字符串的最大长度进行严格的规定。在 PHP 中定义字符串有 3 种方式：使用单引号（'）定义、使用双引号（"）定义和使用定界符（<<<）定义。下面是一个使用字符串的例子。

实例【test3-31】　输出字符串一。

```
<?php
$teacher= "教师";
echo "我是$teacher "."<br>";
echo '我是$teacher '.'<br>';
echo <<<begin
大家好,
我是一个{$teacher }
begin;
?>
```

运行结果如图 3-30 所示。

图 3-29 输出布尔型

图 3-30 输出字符串一

php 中单引号和双引号的最大区别就是双引号比单引号多一步解析过程。双引号会把双引号中的变量及转义字符解析出来。而单引号则不管它的内容是什么，都作为字符串输出。在双引号中，中文和变量一起使用时，变量最好要用{}括起来，或变量前后的字符串用双引号，再用"."与变量相连。

实例【test3-32】 输出字符串二。

```
<?php
$teacher= "教师";
echo "我是$teacher 你们是吗? "."<br>";
echo '我是$teacher '.'<br>';
echo <<<begin
大家好,
我是一个{$teacher}
begin;
?>
```

运行结果如图 3-31 所示。

第一句输出变量没用{}括起来，或者没有将字符串分开，再用"."与变量相连，因此变量及其后面的字符串不能输出，第二、三句输出都正常。

5. 数组

数组把具有相同数据类型的项集合在一起进行处理，并按照特定的方式进行排列和引用。例如，可以在一个数组中放置多个数组值。在 PHP 中数组中的值按顺序排列，可以通过数组的排列号码（keys）加上数组名称来获得。Keys 可以是一个简单的数，指示某个值在系列中的位置，也可以与值有某种关联。

图 3-31 输出字符串二

实例【test3-33】 数组赋值。

```
$array[0]='PHP';
$array[1]= 'ASP';
$array[2]= 'JSP';
$array["name"]='java';
```

上面只是简单介绍了数组的示例，关于数组和对象会在后面的章节中详细介绍。

6. 对象

对象是一个具体的概念，创建一个对象首先要创建一个类，创建类完成后可以使用 news 实例化类的对象，将实例对象保存到一个变量中，然后再访问对象的属性、方法和其他成员等。

例如，每个学校都有老师和同学，以老师为例，每个老师都包含姓名、年龄、出生日期和家庭联系电话等基本信息，包含教书、备课等动作，将这些基本信息和动作放到类中，然后在类中声明变量表示这些信息。这样在使用类时，每使用 new 创建一个实例就表示一个教师对象。

实例【test3-34】 输出对象。

```
<?php
class Teacher{
private $teacherName;
function teach($name)
{
$teacherName=$name;
echo $teacherName."对学生们说：早上好";
}
}
$tea=new Teacher();
$tea->teach("李老师");
?>
```

运行结果如图 3-32 所示。

图 3-32　输出对象

3.7　运　算　符

在 PHP 程序中，任何可以返回值的语句都可以看作是表达式，也就是说，表达式是一个短语，能够执行一个动作，并且具有返回值。一个表达式通常由两部分组成：一部分是操作数，另一部分是运算符。

PHP 的运算符有算术运算符、赋值运算符、比较运算符、三元运算符、逻辑运算符、位运算符、递增与递减运算符等，表 3-5 所示是常用的运算符。

表 3-5　　　　　　　　　　　　　　运算符的类型

运算符	分类							
算术运算符	+	-	*		/		%	
赋值运算符	=	+=	-+		*=		/=	%=
比较运算符	>	<	>=	<=	==	===	!=	<>	!==
逻辑运算符	and	&&	or	||	!	xor		

续表

运算符	分类					
位运算符	&	|	^	~	<<	>>
三元运算符	? :					
递增递减运算符	++			--		
错误控制运算符	@					

下面就几个运算符进行具体实例的讲解。

实例【test3-35】 比较运算符。

```php
<?php
$x="123";
$y= 123
var_dump($x==$y);
var_dump($x===$y);
var_dump($x!=$y);
var_dump($x<>$y);
var_dump($x!==$y);
?>
```

运行结果如图 3-33 所示。

由上述例子可以总结出比较运算符==和===的区别。

（1）==只比较数值是否相等，不比较数据类型是否相同。

（2）===不仅比较数值是否相等，还要比较数据类型是否相同。

（3）!=和<>只比较数值是否不等，不比较数据类型是否不同。

图 3-33 比较运算符

（4）!==不仅比较数值是否不等，还要比较数据类型是否不同。

实例【test3-36】 三元运算符，利用三元运算符对找出两个数字中最大的。

```php
<?php
$a=10;
$b=20;
echo "最大值为", $a>$b?$a:$b;
?>
```

运行结果如图 3-34 所示。

实例【test3-37】 三元运算符，利用三元运算符对找出三个数字中最大的。

```php
<?php
$a=10;
$b=40;
$c=30;
echo $a>$b?($a>$c?$a:$c):($b>$c?$b:$c);
?>
```

运行结果如图 3-35 所示。

图 3-34 两个数比较大小

图 3-35 三个数比较大小

3.8 流程控制语句

语句是日常生活中不可以缺少的，人们通过语句相互交流，以达到目的。程序中的语句是人与计算机的交互，人们通过语句向计算机发出命令或数据信息，以实现某种功能。

目前常用的高级编程语言，如 java 和 c#，其语句分类和语法格式相差不大，有过其他高级语言编程基础的读者在学习本章内容时，只需要了解各语言间的差别即可。

3.8.1 语句分类

语句是程序的基本组成，语句又分为多种，包括基本语句、选择语句、循环语句和跳转语句等。

选择语句包括 if、if else、switch case。

循环语句包括 for、while、do while、foreach。

跳转语句包括 break、continue、return。

除了执行顺序上的分类外，PHP 程序语句在功能上还有其他几种类型：空语句、赋值语句和返回值语句等。

3.8.2 基本语句

没有特别说明的语句都按顺序执行，无论语句如何执行，语句结构和语法是固定的。语句可大可小，长语句可以写在多个代码行上，两行之间不需要连接符。语句用分号结尾，而一个单独的分号即可构成一个短语句。

分号是语句不可缺少的结尾；语句与语句之间用分号隔开，语句之间可以有空格或换行。

3.8.3 选择语句

如同人们生活中的不同选择，程序中也存在着选择。

如登录邮箱的时候，当用户名、密码正确的时候便可以登录，但只要密码或者用户名有误，就登录失败，这就是一种选择。PHP 提供了多种选择语句类型，以满足不同的程序需求。

1. if 语句

if 语句用于在指定条件为 true 时执行代码，语法如下：

```
if(条件)
{
当条件为true时执行的代码;
}
```

实例【test3-38】 if语句。

```
<?php
$score=80;
if($score>60)
{
echo "及格了";
}
?>
```

运行结果如图3-36所示。

图3-36 if语句

2. if…else 语句

在条件为true时执行代码,在条件为false时执行另一段代码。

语法如下:

```
if(条件){
语句块1;
}else{
语句块2;
}
```

实例【test3-39】 if-else语句。

```
<?php
$score=50;
if($score>60)
{
echo "及格了!";
}
else{
echo "不及格!";
}
?>
```

运行结果如图3-37所示。

图3-37 if-else语句

3. if…elseif…else 语句

使用该语句来选择若干代码块之一来执行。

语法如下：

```
if(条件 1)
{语句块 1}
elseif(条件 2)
{语句块 2}
elseif(条件 3)
{语句块 3}
…
else
{条件为 false 时执行的语句块}
```

实例【test3-40】 if…elseif…else 语句。

```
<form method="post" action="">
 请输入学生成绩：
<input type="text" name="score">
<input type="submit" value="判断">
</form>
<?php
$score=$_POST["score"];
if($score>=90)
{
echo "优秀！";
}
elseif($score>=80){
echo "良好！";
}
elseif($score>=60){
echo "及格！";
}
else
echo "不及格";
?>
```

运行结果如图 3-38 所示。

图 3-38 if-elseif-else 语句

4. switch…case 语句

if…else if 语句的条件表达式可以是一个范围，也可以是一个具体的值，而 switch 语句的条件表达式是具体的值。

语法如下：

```
switch(条件表达式)
{
case 常量1：
语句块1；
break;
case 常量2：
语句块2；
break;
case 常量3：
语句块3；
break;
…
{default}
}
```

需要注意以下几点。

（1）switch 语句只用一个{}包含整个语句块。

（2）switch 语句和 if 语句不同，当条件符合执行完当前 case 后，不会默认跳出条件判断，而是会接着执行下一条 case 语句，使用 break 语句后，程序将跳出 switch 语句块，执行后面的语句。

实例【test3-41】 人们根据天气和温度来决定穿什么衣服。写一段代码，根据当前季节，选择可穿的衣服：春天穿风衣，夏天穿裙子，秋天穿大衣，冬天穿棉衣，代码如下。

```
<?php
$season="秋天";
switch($season){
case "春天":
$dress="风衣";
break;
case "夏天":
$dress="裙子";
break;
case "秋天":
$dress="大衣";
break;
case "冬天":
$dress="棉衣";
break;
}
echo "当前季节为".$season."您可以穿".$dress;
?>
```

运行结果如图 3-39 所示。

图 3-39 switch-case 语句

3.8.4 循环语句

循环语句用于重复执行特定语句块,直到循环终止条件或遇到跳转语句。

循环语句简化了这个过程,可将指定语句或语句块根据条件重复执行,循环语句分为 4 种。

(1) for:循环重复执行一个语句或语句块,但在每次重复前验证循环条件是否成立。

(2) do while:先循环语句块,再执行判断。

(3) while:先执行判断,循环执行语句块。

(4) foreach:将数组元素依次嵌入语句组。

1. for 语句

语法格式如下:

```
for(表达式 1; 表达式 2; 表达式 3)
{
语句块
}
```

执行顺序如下:

表达式 1 是初始化语句,如果在 for 循环前已经初始化,可以省略初始化表达式,但是不能省略分号。

表达式 2 是条件语句,决定了该循环在何时终止,可以省略该表达式,但是会进入死循环。

表达式 3 是增量语句,增量表达式不需要分号。

for 语句括号内的 3 个表达式都可以省略,但是表达式的内容不可以省略,因此有如下空循环。

```
for(; ; )
{
}
```

实例【test3-42】 计算 1 到 100 的和。

```
<?php
$sum=0;
for($i=1;$i<=100;$i++)
{
$sum=$sum+$i;
}
echo "1+2+3+......100=",$sum;
?>
```

运行结果如图 3-40 所示。

图 3-40　for 语句累加求和

实例【test3-43】　打印输出九九乘法表。

```php
<?php
for ($i=1;$i<=9; $i++)
{ for ($j=1;$j<=$i;$j++)
{ $c=$i * $j ;
echo "$i x $j =$c"." " ;
}
echo "<br>";
} ?>
```

运行结果如图 3-41 所示。

```
1 x 1 =1
2 x 1 =2 2 x 2 =4
3 x 1 =3 3 x 2 =6 3 x 3 =9
4 x 1 =4 4 x 2 =8 4 x 3 =12 4 x 4 =16
5 x 1 =5 5 x 2 =10 5 x 3 =15 5 x 4 =20 5 x 5 =25
6 x 1 =6 6 x 2 =12 6 x 3 =18 6 x 4 =24 6 x 5 =30 6 x 6 =36
7 x 1 =7 7 x 2 =14 7 x 3 =21 7 x 4 =28 7 x 5 =35 7 x 6 =42 7 x 7 =49
8 x 1 =8 8 x 2 =16 8 x 3 =24 8 x 4 =32 8 x 5 =40 8 x 6 =48 8 x 7 =56 8 x 8 =64
9 x 1 =9 9 x 2 =18 9 x 3 =27 9 x 4 =36 9 x 5 =45 9 x 6 =54 9 x 7 =63 9 x 8 =72 9 x 9 =81
```

图 3-41　for 语句九九乘法表

2. while 语句

for 语句一般可以明确地指明循环次数，而 while 语句是满足条件表达式即执行语句块，否则结束循环。

语法如下：

```
while（条件表达式）
{语句块}
```

实例【test3-44】　用 while 语句改写例 3.42 的语句。

```php
<?php
$sum=0;
$i=0;
while($i<=100)
{
$sum=$sum+$i;
$i++;
}
echo "1+2+3+……100=",$sum;
?>
```

3. do…while 语句

do…while 语句先执行语句，再判断条件，所以不管条件成立与否，至少要执行一次语句块。

实例【test3-45】　用 do…while 语句改写例 3.44 的语句。

```php
<?php
$sum=0;
$i=0;
do{
$sum=$sum+$i;
$i++;
} while($i<=100);
echo "1+2+3+……100=",$sum;
?>
```

需要注意的是 while 表达式后的分号不能少。

4. foreach 语句

foreach 语句仅能用于数组，当试图将其用于其他数据类型或者一个未初始化的变量时会产生错误，有两种语法。

语法一：

```
foreach(数组变量名 as $value)
{
语句块
}
```

语法二：

```
foreach(数组变量名 as  $key=>$value)
{
语句块
}
```

第一种格式遍历给定的数组，每次循环中，当前单元的值被赋给变量$value，并且数组内部的指针向前移一步，因此下一次循环中将会读出下一个单元的值。

第二种格式做同样的事，另外会把当前单元的键值在每次循环中赋给变量$key。

注意

（1）当 foreach 开始执行时，数组内部的指针会自动指向第一个单元。

（2）foreach 所操作的是指定数组的一个拷贝，而不是该数组本身，因此即使有each()的构造，原数组指针也没有变，数组单元的值也不受影响。

（3）foreach 不支持用@来禁止错误信息。

实例【test3-46】 foreach 语句输出数组元素的键值。

```php
<?php
$arr = array("one", "two", "three");
foreach ($arr as $value) {
echo "数组的元素值为: $value<br>\n";
}
?>
```

运行结果如图 3-42 所示。

实例【test3-47】 foreach 语句输出数组元素的键名和键值。

```php
<?php
$arr = array("one", "two", "three");
foreach ($arr as $key => $value) {
```

```
echo "Key: $key; Value: $value<br>";
}
?>
```

运行结果如图 3-43 所示。

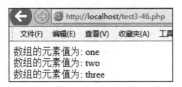

图 3-42 foreach 语句输出数组元素的键值

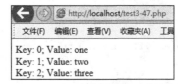

图 3-43 foreach 语句输出数组元素的键名和键值

实例【test3-48】 输出方位一。

```
<?php
$tar = array (
1 => '东',
2 => '西',
3 => '南',
4 => '北',
5 => '东南',
6 => '西南',
7 => '东北',
8 => '西北',
9 => '南北',
10 => '东西',
);
$TM = '西';
foreach( $tar as $key=>$value)
{
if( $value == $TM )
{
echo $value.'-'.$key.'<br />';
break;
}
}
?>
```

实例【test3-49】 输出方位二。

```
<?php
$tar = array (
1 => '东',
2 => '西',
3 => '南',
4 => '北',
5 => '东南',
6 => '西南',
7 => '东北',
8 => '西北',
```

```
9 => '南北',
10 => '东西',
);
$TM = '西';
echo '<br />';
for( $i=1;$i<=count( $tar ) ;$i++ )
{
if( $tar[$i] == $TM )
{
echo $tar[$i].'-'.$i.'<br />';
break;
}
}
?>
```

运行结果如图 3-44 所示。

图 3-44 输出方位

总结：foreach 与 for 结果是完全相同的，但在效率上 foreach 要胜于 for。for 需要知道数组长度，再用$i++来操作，而 foreach 不需要知道数组长度，可自动检测并输入 key 和 value。

3.8.5 跳转语句

跳转语句用于中断当前执行顺序，从指定语句接着执行。跳转语句分为以下几种。

（1）break 语句：用于终止它所在的循环或 switch 语句。

（2）continue 语句：将控制流传递给下一个循环。

（3）return 语句：终止该语句处的方法的执行并将控制返回给调用方法。

1．break 语句

break 语句有两种使用方法。

（1）用在 switch 语句的 case 标签后，结束 switch 语句块。

（2）用在循环体，结束循环。

实例【test3-50】   break 语句。

找出 20～80 之间 9 的最小倍数。在 20～80 之间，9 的倍数不只 1 个，因此需要从 20 开始验证，到 9 的倍数时输出该值并跳出循环，代码如下。

```
<?php

for($i=20;$i<=80;$i++)
{
if($i%9==0)
{
```

```
echo "20-80 之间，9 的最小倍数是$i";
break;
}
}
?>
```

运行结果如图 3-45 所示。

由上述执行结果可以看出，由于 break 语句的执行，使原本需要输出 6 行语句的代码只输出了 1 行，在变量为 27 时终止。

图 3-45　break 语句

2．continue 语句

continue 语句用在循环体中可以加速循环，但不能结束循环。continue 语句与 break 语句的不同之处如下。

（1）continue 语句不能用于选择语句。

（2）continue 语句在循环中不是跳出循环块，而是结束当前循环，进入下一个循环，忽略当前循环的剩余语句。

实例【test3-51】 continue 语句。

找出 20 ~ 40 之间 9 的所有倍数。该例与【test3-50】类似，但该例在找到 9 的倍数时并不终止循环，而是将循环继续下去。若数值不是 9 的倍数，则输出该数不是 9 的倍数，否则输出该数是 9 的倍数，代码如下。

```
<?php

for($i=20;$i<=40;$i++)
{
if($i%9==0)
{
echo $i."是 9 的倍数<br>";
continue;
}
echo $i."不是 9 的倍数<br>";
}
?>
```

运行结果如图 3-46 所示。

3．return 语句

经常用在函数、类的方法的结尾，表示方法的终止。

实例【test3-52】 return 语句。

定义一个函数 power()，求 n 次方。

```
<?php
function power($number,$n){
$pow=1;
for($i=1;$i<=$n;$i++)
 $pow=$pow*$number;
return $pow;
}
echo "4 的 3 次方：",power(4,3);
?>
```

运行结果如图 3-47 所示。

图 3-46　continue 语句

图 3-47　return 语句

3.9　实战——输出等腰梯形

使用一种符号，如@、#、*或$输出一个等腰梯形，梯形中间的垂直轴线使用另一种符号，实现如图 3-48 所示的效果。

通过实现效果可以看出，图形是有规律地循环输出的，需要用到循环语句。而图像由两部分构成。一部分是符号，构成梯形的主体；一部分是空格，用来控制格式，使输出为等腰梯形。

但两部分不能分开，每一行都要有符号和空格，因此两部分的关系是并列的，可以用两个变量表示两部分的字符串。

整体的效果：梯形由 5 行构成，每一行又分为对称的两部分。以对称轴的左侧为例，符号每一行多出一个，空格数目与符号数目的和为 10。两边的符号数目和即为 10 减去空格数，乘以 2。中间轴的另一个符号需要使用条件语句，当进行到中间时改变符号，并接着进行下一个循环。

因此，对此图形的输出，首先需要确定整体循环的次数，5 行图形循环 5 次。

接着是内部的循环，先看空格：空格每一行少一个，总数需要递减。循环数要跟整体循环关联，否则每次循环数一样，将输出矩形的空格。因此只需将总循环数递减，即可使空格数目与总循环次数相等。

再看符号，符号与空格数的关系已经明确，即（10–空格数）×2，但因中间有其他符号，可以使用条件语句在循环至中间时改变符号，并接着执行下一个循环，需要使用跳转语句 continue。

每个循环都需要将变量字符串累加，但每次循环前，若字符串不为空字符，则输出结果与设想不符。因此在每一行结束时，变量字符串需要清空。

定义每一行的字符串变量$trape，定义空格部分字符串变量$trape1，定义字符部分字符串变量$trape2，具体代码如下。

实例【test3-53】 输出等腰梯形。

```php
<?php
$trape1="";
$trape2="";
for($i=5;$i>0;$i--)
{   for($j=$i;$j>0;$j--)
$trape1.="  ";
for($k=(10-$i)*2;$k>=0;$k--)
{
if($k==10-$i)
{
$trape2=$trape2."$ ";
continue;
}
$trape2.="* ";
}
$trape=$trape1.$trape2;
echo $trape."<br>";
$trape="";
$trape1="";
$trape2="";
}
?>
```

运行结果如图 3-48 所示。

图 3-48 输出等腰梯形

练 习 题

一、填空题

1. PHP 的标准嵌入方式，其开始标记为（　　）。
2. PHP 的嵌入方式有（　　）种。
3. PHP 单行注释可以使用（　　）。

4. PHP 的输出函数有（   ）、print()、printf()和（   ）。
5. PHP 多行注释的开始和结束标记为（   ）和*/。
6. 4 种变量数据类型是（   ）、整型、浮点型和字符串。
7. 声明全局变量需要使用（   ）关键字。
8. 除了顺序语句以外，还有选择语句、（   ）和（   ）。

第4章 函数与数组

4.1 PHP 函数应用

函数是完成一个特定功能的代码集合,是可以在程序中重复使用的语句块。页面加载时函数不会立即执行,只有在被调用时才会执行。PHP 中的函数有两种类型:一种是系统函数,另一种是用户自定义函数。PHP 的强大来自它的函数:它拥有超过 1000 个内建的函数。除了内建的 PHP 函数,我们还可以创建我们自己的函数。本章主要介绍如何创建函数和调用系统自带与创建的函数。

4.1.1 自定义函数

1. 函数的创建

用户定义的函数声明以"function" 开头。
语法格式为:

```
function 函数名(参数1, 参数2……参数n)
{
函数体;
[return 返回值; ]
}
```

函数名能够以字母或下画线开头。
函数名不区分大小写。
参数被定义在函数名之后,括号内部。您可以添加任意多参数,只要用逗号隔开即可。
函数名应该能够反映函数所执行的任务。

在下面的例子中,我们创建名为 "writeMsg()" 的函数。打开的花括号({)指示函数代码的开始,而关闭的花括号(})指示函数的结束。此函数输出 "Hello world!"。如需调用该函数,只要使用函数名即可。

实例【test4-1】 函数的创建,输出 helloworld。

```php
<?php
function writeMsg(){
echo""helloworld;
}
writeMsg()
?>
```

运行结果如图 4-1 所示。

实例【test4-2】 声明 userLogin 函数,该函数用于判断用户登录是否成功。声明该函数时,需要传入两个参数:用户名和密码,然后判断用户名和密码的值是否满足条件,代码如下。

图 4-1 函数的创建

```php
<?php
function userLogin($name,$pwd){
if($name!="lxy")
echo "用户名不正确";
elseif($pwd!="123")
echo "密码不正确";
else
echo "登录成功";
}
?>
```

有些函数不需要接收任何参数,但是在定义函数时也不能省略函数名后面的那对小括号,保留小括号的内容为空即可。

2. 函数的调用

创建函数就是为了调用,调用函数的语法如下。

函数名(参数1,参数2……)

实例【test4-3】 调用【test4-2】创建的函数,向该函数中传入两个参数,输出不同的结果。

```php
<form method="post" action="">
用户名:<input type="text" name="user">
密码:<input type="password" name="pwd">
<input type="submit" value="登录">
</form>
<?php
 userLogin("$_POST[user]","$_POST[pwd]");
?>
```

调用自定义函数时,必须保证调用前该函数已经存在,即函数应该先定义,再调用,否则无法进行。

3. 参数传递

(1)按值传递参数

按值传递参数是 PHP 默认的参数传递方式,这种方式仅仅是把函数外部变量的值备份一个副本，然后赋给函数内部的局部变量。在函数处理完毕后，该外部变量的值不发生改变，除非在函数内部声明了该外部变量，并做了改动。

实例【test4-4】 编写函数，参数按值进行传递。

```
<?php
function exam($var1){
$var1++;
echo "In Exam:" . $var1 . "<br />";
}
$var1 = 1;
echo $var1 . "<br />";
exam($var1);
echo $var1 . "<br />";
?>
```

运行结果如图 4-2 所示。

图 4-2 函数的调用

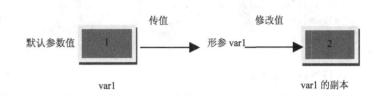

从上述结果可以看出：$var1 的初始值是 1，在函数中这个变量的值发生了改变，变成了 2，但是在调用后，又恢复到了初始值。

上述实例就是按值传递参数，在函数范围内对这些值的任何改变在函数外部都会被忽略。通常情况下，会把创建参数时命名的参数称为形参，在调用函数时，给函数传递的参数称为实参。

（2）按引用传递参数

在引用传递方式下，实参的内存地址被传递到形参中，在函数内部对形参的任何修改都会影响到实参，因为它们被存储到同一个内存地址。在函数返回后，实参的值会发生变化。

实例【test4-5】 函数 exam 按引用传递参数。

```
<?php
function exam(&$var1){
$var1++;
echo "In Exam:" . $var1 . "<br />";
}
$var1 = 1;
echo $var1 . "<br />";
exam($var1);
echo $var1 . "<br />";
?>
```

运行结果如图 4-3 所示。

图4-3 函数的调用2

在未指定参数的情况下，函数使用默认值作为函数的参数，在提供了参数的情况下，函数使用指定的参数。

实例【test4-6】 指定参数和未指定参数的函数调用。

```php
<?php
function values($price=0,$tax=3){
$price+=$price*$tax;
echo $price."<br>";
}
values(100,0.25);
values(100);
values();
?>
```

运行结果如图4-4所示。

上述代码调用了三次values()函数。第一次调用时指定了两个参数，调用时实参的值会传递给形参。第二次调用只指定了一个参数值，那么第二个参数则使用默认值。第三次调用没有指定参数，那么两个参数则都使用默认值。

为参数指定默认参数值时需要注意以下几点。

如果参数中的每个参数都指定了默认值，那么在调用时可以不指定参数，它会按照默认的参数定义完成任务。

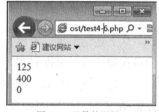

图4-4 函数的调用3

为函数的参数指定默认值时，其值必须是常量，而不能是变量、类成员或者函数调用等。

4．可变参数的函数

在PHP中还有一种参数传递的方式——可变参数列表，可以在自定义函数中将需要传送的参数一一列出，然后使用指定的函数来获得参数。简单来说，可变参数的函数可以根据传入的不同参数进行不同处理，下面介绍3个在编写自定义函数时会用到的内置函数。

（1）func_num_args()函数

该函数返回自定义函数中传入的参数的个数，即目前参数传入了几个参数的数量。基本格式为：func_num_args(void)

（2）func_get_arg()函数

该函数可以指定要获取哪个参数的值。如果要获取第一个参数的值，那么需要传入值为0。它可以结合func_num_args()函数自动获取传递的参数。基本格式为：

func_num_args($arg_num)

（3）func_get_args()函数

该函数返回包含所有参数的值，基本格式为：

func_get_args(void)

实例【test4-7】 使用函数 func_num_args()输出参数的值。

```php
<?php
function get(){
$total=func_num_args();
echo "参数总数为".$total."<br>";
$test=func_get_args();
for($i=0;$i<$total;$i++)
echo "第".($i+1)."个参数是".$test[$i]."<br>";
}
get("菲菲",3,"海南","唱歌跳舞");
?>
```

运行结果如图 4-5 所示。

上述代码可以改成 foreach 语句实现。

实例【test4-8】 用 foreach 语句改写实例【test4-7】。

```php
<?php
function get(){
$total=func_num_args();
echo "参数总数为".$total."<br>";
$test=func_get_args();
foreach($test as $key=>$value)
echo "第".$key."个参数是".$value."<br>";
}
get("菲菲",3,"海南","唱歌跳舞");
?>
```

5. 返回值

通常情况下，使用 return 关键字返回值。任何类型都可以返回，其中包含列表和对象。函数不能返回多个值，但是可以通过返回一个数组来得到多个值。

实例【test4-9】 使用 return 返回值。

```php
<?php
define("PI",3.14);
function get_circle_area($radius){
$area=PI*$radius*$radius;
return $area;}
for($r=3;$r<=8;$r++)
{
$s=get_circle_area($r);
echo"r=$r,area=$s";
echo"<br/>";
}
?>
```

运行结果如图 4-6 所示。

6. 返回数组

实例【test4-10】 返回数组，并通过 var_dump()函数输出。

图 4-5 函数的调用 4

图 4-6 函返回值

```
<?php
function getArr()
{
$user=array();
$user[0]='杨小菲';
$user[1]='3';
$user[2]='海南海口';
return $user;
}
var_dump(getArr());
?>
```

运行结果如图 4-7 所示。

上述代码也可以修改为用 list() 函数来实现。

```
<?php
function getArr()
{
$user=array();
$user[0]='杨小菲';
$user[1]='3';
$user[2]='海南海口';
return $user;
}
list($name,$age,$city)=getArr();
echo "Name->$name Age->$age City->$city";
?>
```

运行结果如图 4-8 所示。

图 4-7 返回数组

图 4-8 list() 函数

4.1.2 系统函数

1. 变量处理函数

PHP 常用的变量处理函数，参见表 4-1。

表 4-1　　　　　　　　　　PHP 常用的变量处理函数

函数名称	说明
doubleval()	把变量转换成双精度浮点数
empty()	判断变量是否为空
gettype()	获取变量的类型
intaval()	把变量转换为整数
is_array()	判断变量是否为数组
is_double()	判断变量是否为双精度浮点数
is_int()	判断变量是否为整数
is_float()	判断变量是否为浮点数
is_object()	判断变量是否为对象
is_real()	判断变量是否为实数
is_string()	判断变量是否为字符串
isset()	判断变量是否已经设置
settype()	设置变量类型
strval()	将变量转换成字符串类型
unset()	销毁变量

实例【test4-11】　常用的变量处理函数。

```php
<?php
$a=0;
$b=null;
$c=13.5;
echo empty($a)?"空":"非空";
echo empty($b)?"空":"非空";
echo empty($c)?"空":"非空";
echo gettype($a);
echo intval($c);
echo var_dump(is_array($a));
echo var_dump(is_float($c));
echo var_dump(is_double($c));
echo var_dump(is_int($a));
echo var_dump(is_integer($a));
echo var_dump(is_long($a));
echo var_dump(is_object($a));
echo var_dump(is_real($a));
echo var_dump(isset($d));
echo gettype(strval($c));
unset($a);
echo var_dump(isset($a));
?>
```

运行结果如图 4-9 所示。

图 4-9 变量处理函数

""、0、"0"、null、false、array() 以及没有任何属性的对象都将被认为是空的。

2. 数学函数

PHP 常用的数学函数，参见表 4-2。

表 4-2　　　　　　　　　　　　PHP 常用的数学函数

函数名称	说明	函数名称	说明
abs()	绝对值	min()	最小值
asin	反正弦	pow()	指数表达式
ceil()	向上舍入最接近的整数	rand()	产生一个随机整数
decbin()	十进制转换为二进制	round()	浮点数进行四舍五入
floor()	舍去法取整	sin()	正弦
max()	最大值	sqrt()	平方根

实例【test4-12】　　常用的数学函数的应用。

```
<?php
echo pow(2,5);
echo "<br>";
echo ceil(4.9);
echo "<br>";
echo floor(4.4);
echo "<br>";
echo floor(4.9);
echo "<br>";
echo round(4.9);
echo "<br>";
echo decbin(16);
echo "<br>";
echo max(8,5,6,9);
echo "<br>";
echo min(8,5,6,9);
echo "<br>";
echo sqrt(16);
?>
```

运行结果如图 4-10 所示。

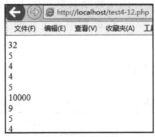

图 4-10 数学函数

3. 日期时间函数

PHP 常用的日期时间函数，参见表 4-3。

表 4-3　　　　　　　　　　PHP 常用的日期时间函数

函数名称	说明
checkdate()	检测日期是否合法
getdate()	以数组的方式返回当前日期与时间
date()	将整数时间标签转变为所需的字符串格式
strtotime()	将英文日期/时间字符转换成 UNIX 时间标签
microtime()	将 UNIX 时间标签格式化成适用于当前环境的日期字符串
gmdate()	将 UNIX 时间标签格式化成日期字符串
time()	返回当前的 UNIX 时间戳

- checkdate 函数

语法如下：

```
bool checkdate(int month, int day, int year)
```

实例【test4-13】　常用的日期函数的调用。

```
<?php
echo checkdate(3,31,2015)?"有效":"无效";
echo "<br>";
echo checkdate(4,31,2015)?"有效":"无效";
echo "<br>";
echo checkdate(13,1,2015)?"有效":"无效";
?>
```

运行结果如图 4-11 所示。

图 4-11 日期时间函数

- getdate()函数

语法如下：

```
array getdate([int $timestamp])
```

该函数用于获取当前的日期和时间,上述语法中的$timestamp 是一个可选参数,如果不指定该参数,则使用系统当前的本地时间。该函数结合数组的方式返回日期和时间,数组中的每个元素代表日期/时间中的一个特定组成部分,向函数提交可选的时间标签自变量,以获取与时间标签对应的日期/时间值。

getdate()函数返回数组中的键名关键值,参见表 4-4。

表 4-4　　　　　　　　　　getdate()函数返回数组中的键名关键值

键名称	说明
seconds	秒的数字表示。0~59
minutes	分钟的数字表示。0~59
hours	小时的数字表示。0~23
mday	月份中第几天的数字表示。1~31
wday	星期中第几天的数字表示。0~6
mon	月份的数字表示。1~12
year	4 位数字表示的完整年份。例如 2015
yday	一年中第几天的数字表示
weekday	星期几的完整文本表示。例如 Sunday
month	月份的完整文本表示。例如 January
time	从 UNIX 纪元开始至今的秒数

实例【test4-14】　　使用 getdate()函数,并返回具体的值。

```
<?php
date_default_timezone_set('Asia/Shanghai');
$a=getdate();
print_r($a);
echo "<br>";
echo "当前小时:";
echo $a["hours"]."<br>";
echo "当前分钟:";
echo $a["minutes"]."<br>";
echo "当前秒:";
echo $a["seconds"]."<br>";
echo "当前年:";
echo $a["year"]."<br>";
echo "当前月:";
echo $a["mon"]."<br>";
echo "当前日:";
echo $a["mday"]."<br>";
echo "当前星期用数字表示:";
echo $a["wday"]."<br>";
echo "当前一年中第几天:";
echo $a["yday"]."<br>";
echo "当前星期英文表示:";
echo $a["weekday"]."<br>";
echo "当前月用英文表示:";
```

```
echo $a["month"]."<br>";
echo "当前离 UNIX 的秒数: ";
echo $a[0]."<br>";
?>
```

运行结果如图 4-12 所示。

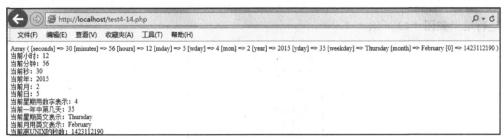

图 4-12　getdate()函数

如果不加这一句代码 date_default_timezone_set('Asia/Shanghai')，输出的当前时间是 4，而系统当前时间是 12，相差了 8 小时，这是为什么呢？原因是假如你不在程序或配置文件中设置你的服务器当地时区的话，PHP 所取的时间是格林威治标准时间，而格林威治标准时间和北京时间大概差 8 个小时。

那么我们如何避免时间误差呢？在页头使用 date_default_timezone_set()设置默认时区为北京时间，那么浏览器上显示的时间就和服务器当前时间一样了。

date_default_timezone_set 用法如下：

date_default_timezone_set 设定用于一个脚本中所有日期时间函数的默认时区。

```
bool date_default_timezone_set ( string timezone_identifier )
```

date_default_timezone_set()设定用于所有日期时间函数的默认时区。自 PHP 5.1.0 起（此版本日期时间函数被重写了），如果时区不合法，则每个对日期时间函数的调用都会产生一条 E_NOTICE 级别的错误信息。参数 timezone_identifier 为时区标识符，例如 UTC 或 Europe/Lisbon。返回值：本函数永远返回 TRUE，即使 timezone_identifier 参数不合法。

或者修改 php.ini 中 date.timezone 值 date.timezone = PRC。

- date()函数

该函数用来格式化一个本地日期和时间，语法如下：

```
date($format[,$timestamp]))
```

其中$timestamp 是一个表示时间戳的可选参数，如果没有给出时间戳，则使用系统当前日期和时间。

实例【test4–15】　格式化日期和时间。

```
<?php
date_default_timezone_set('Asia/Shanghai');
//年月日的表示:
echo date("y,m,d")."<BR>";
echo date("Y,m,d")."<BR>";
echo date("Y,M,d")."<BR>";
echo date("Y,M,D")."<BR>";
echo date("Y,F,D")."<BR>";
```

```
echo date("Y,F,l")."<BR>";
//小时分钟秒的表示
echo date("g:i:s")."<BR>";
echo date("G:i:s")."<BR>";
echo date("H:i:s")."<BR>";
echo date("h:i:s")."<BR>";
?>
```

运行结果如图 4-13 所示。

图 4-13　date()函数

$format 参数的格式化说明，参见表 4-5。

表 4-5　　　　　　　　　　　　$format 参数的格式化说明

格式化参数	说明
o	年份数字，例如 2015
Y	年份数字 4 位，例如 2015
y	年份数字 2 位，例如 15
F	月份，完整的英文表示，如 January
M	月份，3 个字母的英文表示，如 Jan
m	月份，有前导零的数字表示，01～12
n	月份，没有前导零的数字表示，1～12
d	日，有前导零的数字表示，01～31
j	日，没有前导零的数字表示，1～31
l	星期，完整的英文表示，如 Sunday
D	星期，3 个字母的英文表示，如 Sun
N	星期，数字表示，1～7
w	星期，数字表示，0～6，0 表示星期天
a	上下午，小写表示，例如 am 或 pm
A	上下午，大写表示，例如 AM 或 PM
g	小时，没有前导零的 12 小时格式，1～12
G	小时，没有前导零的 24 小时格式，0～23
h	小时，有前导零的 12 小时格式，01～12
H	小时，有前导零的 24 小时格式，00～23
i	分钟数，有前导零，00～59
s	秒数，有前导零，00～59

- gmdate()

该函数用于格式化一个 GMT/UTC 的日期和时间,它所实现的功能与 date()函数一样,唯一不同的是该函数返回的时间是格林尼治标准时(GMT)。基本语法如下:

```
string gmdate(string $format[,int $timestamp])
```

实例【test4-16】 当在中国运行以下程序代码时,输出的结果会有所不同。代码如下:

```php
<?php
date_default_timezone_set('Asia/Shanghai');
echo date("M d Y H:i:s",mktime(0,0,0,1,1,2015));
echo "<br>";
echo gmdate("M d Y H:i:s",mktime(0,0,0,1,1,2015));
?>
```

运行结果如图 4-14 所示。

图 4-14　gmdate()

- time()函数

该函数返回当前的 UNIX 时间戳,即返回从 UNIX(格林尼治时间 1970 年 1 月 1 日 00:00:00)到当前时间的秒数。基本语法如下:

```
int  time(void)
```

如果读者要获取到 30 天以后的日期,可以使用以下代码。

```
$time=time()+30*24*3600;
$date=date("Y-m-d H:m:s",$time);
```

实例【test4-17】 输出当前日期和一周后的日期。

```php
<?php
$nextweek=time()+(7*24*3600);
echo "当前日期: ".date("Y-m-d")."<br>";
echo "7 天后日期: ".date("Y-m-d",$nextweek)."<br>";
?>
```

运行结果如图 4-15 所示。

- microtime()函数

该函数返回当前 UNIX 时间戳和微秒数。基本语法如下:

```
mixed microtime([bool $get_as_float])
```

上述语法中$get_as_float 是一个可选参数,如果它的值为 true,该函数将返回一个浮点数。如果调用时不带可选参数,则本函数将以 msec sec 的格式返回一个字符串。其中 msec 是微秒部分,sec 是自 UNIX 纪元起到现在的秒数,这两部分都是以秒为单位返回的。

实例【test4-18】 microtime()函数的用法。

```
<?php
echo microtime(true);
echo "<br>";
echo microtime(false);
echo "<br>";
echo microtime();
?>
```

运行结果如图 4-16 所示。

图 4-15　time()函数

图 4-16　microtime()函数

实例【test4-19】　输出程序的执行时间。

```
<?php
$starttime=microtime();
for($i=1;$i<10;$i++)
echo "$i=".$i."<br>";
$endtime=microtime();
echo "执行时间".($endtime-$starttime);
?>
```

运行结果如图 4-17 所示。

- strtotime()函数

该函数可以将任意英文文本的日期时间秒数解析为 UNIX 时间戳。基本语法如下：

```
int strtotime(string $time[,int $now])
```

实例【test4-20】　strtotime()函数解析英文文本。

```
<?php
echo strtotime("now")."<br>";
echo strtotime("next thursday")."<br>";
echo strtotime("last monday")."<br>";
echo strtotime("+1 day")."<br>";
?>
```

运行结果如图 4-18 所示。

图 4-17　microtime()函数 2

图 4-18　strtotime()函数

4.2 PHP 数组应用

4.2.1 数组的概念

数组是特殊的变量，它可以同时保存一个以上的值。

如果你有一个项目列表，例如汽车品牌列表，在单个变量中存储这些品牌名称是这样的：

```
$cars1="Volvo";
$cars2="BMW";
$cars3="SAAB";
```

不过假如希望对变量进行遍历并找出特定的那个值？或者如果需要存储 300 个汽车品牌，而不是 3 个呢？解决方法是创建数组。

数组能够在单一变量名中存储许多值，并且能够通过引用下标号来访问某个值。

数组就是一组数据的集合，把一系列数据组织起来，形成一个可操作的整体。数组的每个实体都包含两项：键和值。

4.2.2 数组的分类

1. 根据数据类型分类

在 PHP 中，数组的键名可以是任意一个整型数值，也可以是一个字符或字符串，而不像其他语言只可以是数值。

根据数组键名的数据类型的不同，常把 PHP 数组分为以下两种。

- 索引数组

以数字作为键名类型的称为索引数组。PHP 索引数组默认索引值从数字 0 开始，并且不需要特别指定，PHP 会自动为索引数组的键名赋予一个值，然后从这个值开始自动增量。

实例【test4-21】 默认键名，并输出数组元素。

```
<?php
$name=array("PHP","JSP","ASP");
echo "$name[0]{$name[1]}{$name[2]}";
?>
```

运行结果如图 4-19 所示。

实例【test4-22】 修改键名，连续的键名值，并输出数组元素。

```
<?php
$name=array(3=>"PHP","JSP","ASP");
echo "$name[3]{$name[4]}{$name[5]}";
?>
```

运行结果如图 4-20 所示。

图 4-19　索引数组 1

图 4-20　索引数组 2

实例【test4-23】　修改键名，不连续的键名值，并输出数组元素。

```
<?php
$name=array(3=>"PHP",5=>"JSP",7=>"ASP");
echo "$name[3]{$name[5]}{$name[7]}";
?>
```

运行结果如图 4-21 所示。

由上述三个例子可以总结出：索引数组的键名默认从 0 开始，也可以指定键名值，指定的键名值可以是连续的键名值，也可以是松散的键名值。

- 关联数组

以字符串或字符串/数字混合为键名的数组称为关联数组。关联数组的键名可以是数值和字符串的混合形式，而不像索引数组的键名只能为数字，在一个数组中，只要键名中有一个不是数字，那么这个数组就叫作关联数组。

实例【test4-24】　关联数组的定义。

```
<?php
$age=array("Bill"=>"35","Steve"=>"37","Peter"=>"43");
echo "Peter is " . $age['Peter'] . " years old.";
?>
```

运行结果如图 4-22 所示。

图 4-21　索引数组 3

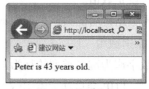
图 4-22　关联数组

2. 根据数组维度分类

根据数组的维度，可以把它们分为一维数组、二维数组和多维数组，超过二维的数组都统称为多维数组。

- 一维数组

一维数组是最普通的数组，它只保存一列内容。

- 二维数组

一维数组都是单一的键名/键值对。要在一个键名中保存更多的值，可以使用二维数组或多维数组。二维数组本质上是以数组作为数组元素的数组。

实例【test4-25】　二维数组的定义。

```
<?php
$student=array(
```

```php
"张三"=>array("性别"=>"男","年龄"=>18,"地址"=>"海口"),
"李四"=>array("性别"=>"女","年龄"=>19,"地址"=>"山西"),
"王五"=>array("性别"=>"男","年龄"=>17,"地址"=>"湖北")
);
echo $student["张三"]["性别"];
?>
```

除了上述的创建方式外,还可以这样创建:

```php
<?php
$student=array( );
$student["张三"]["性别"]= "男";
$student["张三"]["年龄"]= 18;
$student["张三"]["地址"]= "海口";
$student["李四"]["性别"]= "女";
$student["李四"]["年龄"]= 19;
$student["李四"]["地址"]= "山西";
$student["王五"]["性别"]= "男";
$student["王五"]["年龄"]= 17;
$student["王五"]["地址"]= "湖北";
?>
```

- 多维数组

在 PHP 中可以创建更多维的数组,例如四维数组、五维数组,甚至更多层的数组。在一个 WEB 系统中,程序员很少使用三维以上的数组,因为随着维数的增加,数组的操作复杂度也会随着增加。

4.2.3 创建数组

1. 直接赋值创建数组

基本形式如下:

```
$arrayname[<key>]=value
```

其中$arrayname 表示数组名,key 表示键名,value 表示键值,其中 key 可以省略。

实例【test4-26】 直接赋值的方式创建数组。

```php
<?php
$booklist[]="PHP";
$booklist[]="ASP";
$booklist[]="JSP";
?>
```

上述例子省略了键名,系统会使用默认的键,从 0 开始,1,2 依次类推。

实例【test4-27】 指定键名的方式创建数组。

```php
<?php
$booklist[]="PHP";
$booklist[4]="ASP";
$booklist[]="JSP";
$booklist["名著"]="西游记";
```

```
$booklist["名著"]="水浒传";
$booklist["小说"]="人生若只如初见";
print_r($booklist);
echo "<br>";
echo $booklist["名著"]."<br>";
echo $booklist[5];
?>
```

运行结果如图 4-23 所示。

图 4-23 直接赋值创建数组

由上述例子可以总结以下几点。

- 创建数组时，键名可以指定为数字，也可以指定为字符串，还可以对这两种方式混合使用。
- 如果指定的键名是数字，后边的键名省略不写，则键名会在前面键名基础上加 1。
- 如果指定的键名相同，则后边的键值会覆盖前边的键值。

2. 使用 array()函数创建数组

基本形式如下：

```
$arrayname=array(value1[,value2][,value3][,……])
```

实例【test4-28】 使用 array()函数创建数组。

```
<?php
$booklist=array("PHP",4=>"ASP",JSP,"名著"=>"西游记","名著"=>"水浒传","小说"=>"人生若只如初见")
?>
```

3. 使用 range()函数创建数组

使用 range()函数创建一个包含指定范围元素的数组，基本形式如下：

```
arrayt range(mixed low,mixed high[,number step])
```

该函数返回数组中从 low 到 high 的元素，包含它们本身。

low<high 时，序列将从 low 到 high，low>high 时，序列将从 high 到 low。Step 是一个可选参数，它的值应该是正值。如果指定该参数的值，它将被作为元素之间的步进值；如果未指定，step 默认值为 1。

实例【test4-29】 使用 range()函数创建数组。

```
<?php
$arr=range(1,10);
print_r($arr);
echo "<br>";
$arr1=range(1,10,3);
print_r($arr1);
?>
```

运行结果如图 4-24 所示。

```
Array ( [0] => 1 [1] => 2 [2] => 3 [3] => 4 [4] => 5 [5] => 6 [6] => 7 [7] => 8 [8] => 9 [9] => 10 )
Array ( [0] => 1 [1] => 4 [2] => 7 [3] => 10 )
```

图 4-24　使用 range()函数创建数组 1

实例【test4–30】 使用 range()函数创建数组。

```php
<?php
$arr=range("a","h");
print_r($arr);
echo "<br>";
$arr1=range("z","a",4);
print_r($arr1);
?>
```

运行结果如图 4-25 所示。

```
Array ( [0] => a [1] => b [2] => c [3] => d [4] => e [5] => f [6] => g [7] => h )
Array ( [0] => z [1] => v [2] => r [3] => n [4] => j [5] => f [6] => b )
```

图 4-25　使用 range()函数创建数组 2

4.2.4　追加数组

追加数组是指在已经存在的数组的基础上添加新的元素。追加数组有 3 种方式：一种是直接添加，一种是通过 array_push()函数添加，一种是通过 array_unshift()函数添加。

1. 直接添加元素

追加形式如下：

```
$arrayname[<key>]=value
```

实例【test4–31】 直接添加数组元素。

```php
<?php
$booklist=array("PHP",4=>"ASP","JSP","名著 1"=>"西游记","名著 2"=>"水浒传","小说"=>"人生若只如初见");
$booklist["名著 3"]= "红楼梦";
print_r($booklist);
?>
```

运行结果如图 4-26 所示。

图 4-26　直接添加元素

2. array_push()函数追加元素

基本语法如下:

```
int array_push(array $array,mixed var[,mixed……])
```

实例【test4-32】 创建数组,并用函数 array_push()进行追加数组元素。

```
<?php
$booklist=array("PHP",4=>"ASP","JSP","名著 1"=>"西游记","名著 2"=>"水浒传","小说"=>"人生若只如初见");
array_push($booklist,"JAVA","红楼梦");
print_r($booklist);
?>
```

运行结果如图 4-27 所示。

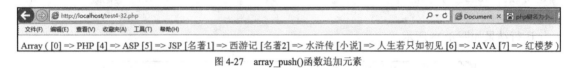

图 4-27　array_push()函数追加元素

3. array_unshift()函数追加元素

该函数用于在数组的开头插入一个或多个元素,最后返回 array 数组新的元素数目。基本形式如下:

```
int array_unshift(array $array,mixed var[,mixed……])
```

实例【test4-33】 在数组头部追加元素。

```
<?php
$booklist=array("PHP",4=>"ASP","JSP","名著 1"=>"西游记","名著 2"=>"水浒传","小说"=>"人生若只如初见");
array_unshift($booklist,"JAVA","红楼梦");
print_r($booklist);
?>
```

运行结果如图 4-28 所示。

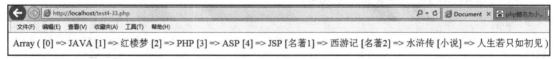

图 4-28　array_unshift()函数追加元素

由上例可以总结出 array_push()函数和 array_unshift()函数的区别。

- array_push()函数在数组尾部添加元素,array_unshift()函数在数组头部添加元素。
- array_push()函数添加的元素的键名会在原来数值键名上增加 1,所有的文字键名保持不变,array_unshift()函数则是所有的数值键名从 0 开始重新计数,所有的文字键名保持不变。

4.2.5　修改数组

修改数组元素和访问数组的方法一样,都需要使用指定数组的键名,然后将对应的键值修改为新的键值即可。

实例【test4-34】 修改数组中的元素的值。

```php
<?php
$booklist=array("PHP",4=>"ASP","JSP","名著 1"=>"西游记","名著 2"=>"水浒传","小说"=>"人生若只如初见");
$booklist["小说"]="何以笙萧默";
print_r($booklist);
?>
```

运行结果如图 4-29 所示。

图 4-29　修改数组

4.2.6　删除数组

删除数组是指利用 PHP 提供的内置函数删除数组中指定的元素,当然也可以自定义函数删除。

1. 删除数组首个元素

array_shift()函数可以删除数组中的一个元素,基本形式如下:

```
mixed array_shift(array $array)
```

实例【test4-35】 删除数组中的元素。

```php
<?php
$booklist=array("PHP",4=>"ASP","JSP","名著 1"=>"西游记","名著 2"=>"水浒传","小说"=>"人生若只如初见");
array_shift($booklist);
print_r($booklist);
?>
```

运行结果如图 4-30 所示。

图 4-30　删除数组首个元素

由该例可以看出该函数移除首元素,并且所有数字键名从 0 开始计数。

2. 删除数组末尾元素

array_pop()函数可以删除数组中的一个元素,基本形式如下:

```
mixed array_pop(array $array)
```

实例【test4-36】 删除数组中末尾的元素。

```php
<?php
$booklist=array("PHP",4=>"ASP","JSP","名著 1"=>"西游记","名著 2"=>"水浒传","小说"=>"人生若只如初见");
```

```
array_pop($booklist);
print_r($booklist);
?>
```

运行结果如图 4-31 所示。

由该例可以看出该函数移除尾元素，并且所有数字键名保持原样。

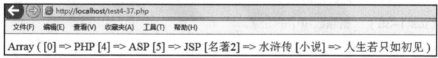

图 4-31　删除数组首个元素 2

3. 删除指定元素

unset()函数可以用来删除数组中指定的元素。

实例【test4-37】　删除数组中指定的元素。

```
<?php
$booklist=array("PHP",4=>"ASP","JSP","名著 1"=>"西游记","名著 2"=>"水浒传","小说"=>"人生若只如初见");
unset($booklist["名著 1"]);
print_r($booklist);
?>
```

运行结果如图 4-32 所示。

Array ([0] => PHP [4] => ASP [5] => JSP [名著2] => 水浒传 [小说] => 人生若只如初见)

图 4-32　删除指定元素

下面对以上三个函数进行总结。

删除函数对比，参见表 4-6。

表 4-6　　　　　　　　　　　删除函数对比

函数	删除位置	返回值	影响
array_shift()	删除首元素	被移出的首元素	数字键名从 0 开始重新排序
array_pop()	删除尾元素	被移出的尾元素	数字键名保持原样
unset()	删除任意元素	无返回值	数字键名保持原样

4. 自定义函数删除

实例【test4-38】　自定义函数删除数组元素，并输出删除前后的元素。

```
<?php
function bookRemove(&$array,$offset,$length=1)
{
return array_splice($array,$offset,$length);
}
$booklist=array("PHP",4=>"ASP","JSP","名著 1"=>"西游记","名著 2"=>"水浒传","小说"=>"人生若只如初见");
echo "删除前的元素<br>";
```

```
print_r($booklist);
echo "<br>";
echo "删除后的元素<br>";
bookRemove($booklist,1,3);
print_r($booklist);
?>
```

运行结果如图 4-33 所示。

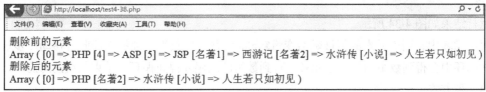

图 4-33 自定义函数删除

4.2.7 遍历数组

PHP 中遍历数组有三种常用的方法。

（1）使用 for 语句循环遍历数组。

（2）使用 foreach 语句遍历数组。

（3）联合使用 list()、each()和 while 循环遍历数组。

这三种方法中效率最高的是使用 foreach 语句遍历数组。从 PHP 4 开始就引入了 foreach 结构，是 PHP 中专门为遍历数组而设计的语句，推荐大家使用。先分别介绍这几种方法。

1. 使用 for 语句循环遍历数组

值得大家注意的是使用 for 语句循环遍历数组要求遍历的数组必须是索引数组。PHP 中不仅有关联数组，而且还有索引数组，所以 PHP 中很少用 for 语句循环遍历数组。

实例【test4-39】 用 for 循环语句遍历数组。

```
<?php
$arr = array('PHP','JSP','ASP');
$num = count($arr);
for($i=0;$i<$num;++$i){
echo $arr[$i].'<br />';
}
?>
```

上例代码中我们先计算出数组$arr 中元素的个数，然后才使用 for 语句，这样做是很高效的，因为如果是 for($i=0;$i< count($arr);++$i)的话，每次循环都会计算数组$arr 中元素的个数，而使用上面的方式可以减去这种开销。

2. 使用 foreach 语句遍历数组

使用 foreach 语句循环遍历数组有二种方式，我们使用的最多的还是第一种方式，介绍如下。

第一种方式：

```
foreach(array_expression as $value){
//循环体
}
```

实例【test4-40】 用 foreach 语句遍历数组。

```php
<?php
$arr = array('PHP','JSP','ASP');
foreach($arr as $value){
echo $value.'<br />';
}
?>
```

运行结果如图 4-34 所示。

每次循环中，当前元素的值被赋给变量$value，并且把数组内部的指针向后移动一步。所以下一次循环中会得到数组的下一个元素，直到数组的结尾才停止循环，结束数组的遍历。

第二种方式：

```
foreach(array_expression as $key=>$value){
//循环体
}
```

实例【test4-41】 用 foreach 语句遍历数组，并输出键名和键值。

```php
<?php
$arr = array('PHP','JSP','ASP');
foreach($arr as $k=>$v){
echo $k."=>".$v."<br />";
}
?>
```

运行结果如图 4-35 所示。

图 4-34　使用 for 语句循环遍历数组 1

图 4-35　使用 for 语句循环遍历数组 2

3. 联合使用 list()、each()和 while 循环遍历数组

each()函数需要传递一个数组作为一个参数，返回数组中当前元素的键/值对，并向后移动数组指针到下一个元素的位置。

list()函数，这不是一个真正的函数，是 PHP 的一个语言结构。list()用一步操作给一组变量进行赋值。

实例【test4-42】 用 while 语句和 list()函数遍历数组。

```php
<?php
$arr = array('PHP','JSP','ASP');
while(list($k,$v) = each($arr)){
echo $k.'=>'.$v.'<br />';
}
?>
```

4.2.8 数组排序

1. 简单排序

首先,让我们来看看最简单的情况:将一个数组元素从低到高进行简单排序,这个函数既可以按数字大小排列,也可以按字母顺序排列。sort()函数实现了这个功能。

实例【test4-43】 对指定的数组进行排序,并输出排序前后的数组。

```
<?php
$data = array(5,8,1,7,2);
sort($data);
print_r($data);
?>
```

运行结果如图 4-36 所示。

也能使用 rsort()函数进行排序,它的结果与前面所使用的 sort()简单排序结果相反。rsort()函数对数组元素进行从高到低的倒排,同样可以按数字大小排列,也可以按字母顺序排列。

实例【test4-44】 对指定数组元素进行从高到低的排列。

```
<?php
$data = array(5,8,1,7,2);
rsort($data);
print_r($data);
?>
```

运行结果如图 4-37 所示。

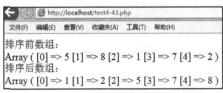

图 4-36 简单排序 1

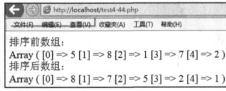

图 4-37 简单排序 2

2. 根据关键字排序

当我们使用数组的时候,经常根据关键字对数组重新排序,从高到低。ksort()函数就是根据关键字进行排序的函数,同时,它在排序的过程中会保持关键字的相关性。

实例【test4-45】 ksort()函数对数组进行排序。

```
<?php
$data = array("US" => "United States", "IN" => "India", "DE" => "Germany", "ES" => "Spain");
ksort($data);
print_r($data);
?>
```

运行结果如图 4-38 所示。

图 4-38 根据关键字排序

krsort()函数根据关键字对数组进行倒排。

3. 根据值排序

如果你想使用值排序来取代关键字排序的话，只要使用 asort()函数来代替先前提到的 ksort()函数就可以了。

实例【test4–46】 值排序。

```
<?php
$data = array("US" => "United States", "IN" => "India", "DE" => "Germany", "ES" => "Spain");
asort($data);
print_r($data);
?>
```

运行结果如图 4-39 所示。

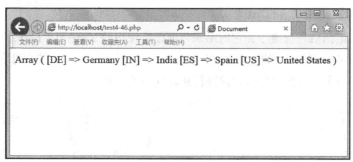

图 4-39 根据值排序

现在，你肯定能猜到这种排序也可以进行倒排，它使用 arsort()函数完成这个功能。

排序函数对比，参见表 4-7。

表 4-7　　　　　　　　　　　　排序函数对比

函数	特点
sort()	按键值从低到高排序，键名和键值不再关联
asort()	按键值从低到高排序，键名和键值保持关联
ksort()	按键名从低到高排序，键名和键值保持关联

4. 自然语言排序

PHP 有一个非常独特的排序方式，这种方式使用认知，而不是使用计算规则。这种特性称为自然语言排序，当创建模糊逻辑应用软件的时候这种排序方式非常有用。

实例【test4–47】 自然语言排序。

```
<?php
$data = array("book-1", "book-10", "book-100", "book-5");
sort($data);
print_r($data);
echo "<br>";
natsort($data);
print_r($data);
?>
```

运行结果如图 4-40 所示。

图 4-40 自然语言排序 1

它们的不同已经很清楚了：第二个排序结果更直观，更"人性化"，然而第一个则更符合算法规则，更具"计算机"特点。自然语言能进行倒排吗？答案是肯定的！只要对 natsort() 的结果使用 array_reverse() 函数就可以了。

实例【test4-48】 对数组进行倒排。

```
<?php
$data = array("book-1", "book-10", "book-100", "book-5");
natsort($data);
print_r($data);
echo "<br>";
$data1=array_reverse($data);
print_r($data1);
?>
```

运行结果如图 4-41 所示。

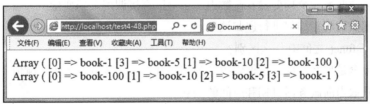

图 4-41 自然语言排序 2

5. 根据用户自定义的规则排序

PHP 也能让你定义自己的排序算法，你可以创建你自己的比较函数，并把它传递给 usort() 函数。如果第一个参数比第二个参数"小"的话，比较函数必须返回一个比 0 小的数；如果第一参数比第二个参数"大"的话，比较函数应该返回一个比 0 大的数。下面这个例子是根据它们的长度对数组元素进行排序，最短的项放在最前面。

实例【test4-49】 根据用户自己定义的规则进行数组的排序。

```
<?php
$data = array("joe@host.com", "john.doe@gh.co.uk", "asmithsonian@us.info", "jay@zoo.tw");
usort($data, 'sortByLen');
print_r($data);
function sortByLen($a, $b)
{
if (strlen($a) == strlen($b))
 return 0;
else
 return (strlen($a) > strlen($b)) ? 1 : -1;
}
?>
```

运行结果如图 4-42 所示。

图 4-42　根据用户自定义的规则排序

练 习 题

一、简答题

1. 函数的形参与实参之间的数值传递方式有哪些？如何传递？
2. 字符串怎么转成整数，有几种方法？怎么实现？
3. 标量数据和数组的最大区别是什么？
4. 如何定义一个函数？函数名区分大小写吗？
5. 什么是局部变量和全局变量？函数内是否可以直接调用全局变量？
6. 什么是递归函数？如何进行递归调用？
7. func()和@func()之间有什么区别？
8. 数组的概念是什么？数组根据索引分为哪两种，如何区分？数组的赋值方式有哪两种？
9. 请写出获取当前服务器日期和时间的函数。

第 5 章
目录和文件操作

不仅是用 PHP 设计程序，用其他的语言设计程序也离不开对文件的操作。文件的操作在很多 Web 系统中被反复用到。在 PHP 的实际应用中会遇到文件和目录的创建、修改和删除等。

5.1 目 录 属 性

在 PHP 中对目录操作，其实也就是对文件夹（操作系统用于管理文件的群组）进行操作。将目录解析为各个属性非常有用，这主要涉及 3 个常用的函数。

1. basename()函数

该函数返回路径中的文件名部分，基本形式如下：

```
string basename(string path[,string suffix])
```

其中参数 path 是必须的，表示需要检查的路径，suffix 是可选的，表示文件的扩展名。

实例【test5-1】 basename()函数的应用。

```php
<?php
$path="c:/wamp/www/test5-1.php";
echo "带有文件扩展名".basename($path);
echo "<br>";
echo "不带有文件扩展名".basename($path,".php");
?>
```

运行结果如图 5-1 所示。

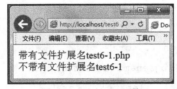

图 5-1　basename()函数

2. dirname()函数

该函数返回路径中的目录部分，基本形式如下：

```
string dirname(string path)
```

其中参数path是必须的,表示需要检查的路径,这是一个全路径字符串,返回去掉文件名后的目录名。

实例【test5-2】 指定路径,输出文件目录名。

```php
<?php
$path="c:/wamp/www/test5-1.php";
echo "文件目录名".dirname($path);
?>
```

运行结果如图5-2所示。

图 5-2 dirname()函数

3. pathinfo()函数

基本形式如下:

```
array pathinfo(string path[,int options])
```

返回值是一个数组,path是必选参数,表示需要检查的路径,options是可选项。options参数的取值为以下三种,参见表5-1。

表 5-1　　　　　　　　　　　　options 参数取值

options 参数	返回值
PATHINFO_DIRNAME	目录名
PATHINFO_BASENAME	带扩展名的文件名
PATHINFO_FILENAME	不带扩展名的文件名
PATHINFO_EXTENSION	扩展名

实例【test5-3】 pathinfo()函数的应用。

```php
<?php
$path="c:/wamp/www/test5-1.php";
$a=pathinfo($path);
print_r($a);
echo "<br>";
echo "目录名: ".$a['dirname']."<br>";
echo "扩展名: ".$a['extension']."<br>";
echo "带扩展名的文件名: ".$a['basename']."<br>";
echo "不带扩展名的文件名: ".$a['filename']."<br>";
?>
```

运行结果如图5-3所示。

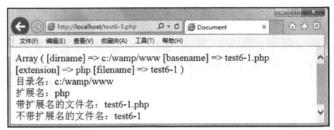

图 5-3　pathinfo()函数

5.2　目录基本操作

5.2.1　打开目录

PHP 中打开目录的函数为 opendir，语法如下：

```
opendir(string path)
```

该函数返回一个资源对象，其中 path 为路径。

实例【test5-4】　打开文件的目录，判断目录是否存在。

```php
<?php
$dir = "c:/wamp/www";
if(is_dir($dir)) //is_dir函数判断路径的有效性，其语法如下：bool is_dir(string path)
{$dir_res = opendir($dir);
echo "目录存在";
}
else
echo "目录不存在或者不是一个有效的目录";
?>
```

运行结果如图 5-4 所示。

图 5-4　opendir()函数

5.2.2　关闭目录

PHP 中关闭目录的函数为 closedir，语法如下：

```
void closedir(dir_resource)
```

dir_resource 指的是使用 opendir 函数返回的资源对象。

实例【test5-5】 关闭文件目录。

```
<?php
closedir($dir_res);    //$dir_res 是【test5-4】打开目录返回的资源对象
?>
```

5.2.3　创建目录

PHP 中创建目录的函数为 mkdir，语法如下：

```
bool mkdir(string pathname[,int mode[,bool recursive[,resource context]]])
```

pathname 为要创建的目录的地址，执行成功返回 true，执行失败返回 false。其他三个参数是可选参数，说明如下。

mode：规定权限，默认值是 0777，意味着最大可能的访问权限。

recursive：指定是否设置递归模式。

context：指定文件句柄的环境。

　　如果运行的程序是在 Windows 系统环境下，那么 mode 参数会被自动忽略。另外 recursive 和 context 参数都是在 PHP 5 之后增加的，早期的 PHP 4 环境不可用。

实例【test5-6】 创建指定的文件目录。

```
<?php
$dir ="c:/wamp/www/php/";
if(!is_dir($dir))
mkdir($dir,0700);
else
echo "该目录已经存在";
?>
```

可以看到，在指定的目录下创建了一个 PHP 文件夹。

5.2.4　读取目录

PHP 中读取目录中的文件的函数为 readdir，语法如下：

```
String  readdir(resource dir_handle)
```

dir_handle 指的是使用 opendir 函数返回的资源对象。该函数按照文件系统的文件排序返回文件名。

实例【test5-7】 读取指定的文件目录。

```
<?php
$dir = "c:/wamp/www/yey";
$dir_res = opendir($dir);
while($filen = readdir($dir_res ))
{ echo $filen."<br>";
}
```

```
closedir($dir_res);
?>
```

运行结果如图 5-5 所示。

图 5-5 readdir()函数 1

"."表示当前目录，".."表示上一级目录。

实例【test5-8】 列出当前目录的所有文件，并且滤掉"."和".."。

```
<?php
$dir = "c:/wamp/www/yey";
$dir_res = opendir($dir);
while($filen = readdir($dir_res ))
{
if( $filen!= "." && $filen!= "..")
echo $filen."<br>";
}

closedir($dir_res);
?>
```

运行结果如图 5-6 所示。

上面代码列出了当前目录的所有文件，并且滤掉了"."和".."。

除了 readdir()函数外，还可以使用 scandir()函数列出指定路径中的文件和目录。基本形式如下：

```
array scandir (string directory[,int sorting order[,resource context]])
```

该函数包含 3 个参数，参数说明如下。

directory：要被浏览的目录。

sorting_order：这是一个可选参数，默认的排序顺序是按字母升序排列。如果设置为 1，则按字母降序排列。

context：这是一个可选参数，用户指定文件句柄的环境。

实例【test5-9】 scandir()函数的使用。

```
<?php
$dir ="c:/wamp/www/yey";
```

```
$arr=scandir($dir);
foreach($arr as $value)
echo $value."<br>";
?>
```

运行结果如图 5-7 所示。

图 5-6　readdir()函数 2

图 5-7　scandir()函数

5.2.5　删除目录

PHP 中删除目录的函数为 rmdir，语法如下：

```
bool rmdir(string pathname)
```

pathname 为要删除的目录地址。

实例【test5-10】　删除指定的目录。

```
<?php
$dir ="PHP/";
if(is_dir($dir))
if(rmdir($dir))
echo "删除成功";
else
echo "删除失败";
?>
```

注意　　　删除目录时，目录中必须是空的。

5.3　文　件　属　性

5.3.1　文件类型

一个目录下可以包含多个文件，在 PHP 中，可以用 filetype()函数获取文件的类型。

基本形式如下：

```
String filetype(string filename)
```

其中参数 filename 是必须的，返回值可能是以下 7 个中的一种，参见表 5-2。

表 5-2　　　　　　　　　　　filetype()函数的返回值类型

返回值	说明
fifo	命名管道
dir	目录，即文件夹
block	块设备
char	字符设备
link	符号链接
file	硬链接
unknown	未知类型

实例【test5-11】　获取指定目录的文件类型。

```
<?php
$filename=filetype("c:/wamp/www/test5-11.php");
echo "c:/wamp/www/test5-11.php 的类型是".$filename."<br>";
$filename=filetype("c:/wamp/www");
echo "c:/wamp/www/的类型是".$filename;
?>
```

运行结果如图 5-8 所示。

图 5-8　String filetype()函数

5.3.2　文件大小

filesize()函数获取指定文件的大小。基本形式如下：

```
int filesize(string filename)
```

实例【test5-12】　获取指定文件的大小。

```
<?php
$filename=filesize("c:/wamp/www/test5-11.php");
echo "c:/wamp/www/test5-11.php 的大小是".$filename."<br>";
?>
```

运行结果如图 5-9 所示。

图 5-9 filesize()函数

5.3.3 打开文件

PHP 中打开文件的函数为 fopen。该函数将返回一个资源对象，以存储当前的文件资源，语法如下：

```
resource fopen(string filename,string mode[,bool use_include_path[,resource zcontext])
```

filename 参数是必须的，为文件名或者文件所在的路径，mode 为文件的打开模式。

mode 参数也是必须的，指定要求到文件/流的访问类型，取值参见表 5-3。

表 5-3　　　　　　　　　　　fopen()函数的 mode 参数取值

mode 取值	说明
r	只读方式打开，将文件指针指向文件头
r^+	读写方式打开，将文件指针指向文件头
w	写入方式打开，将文件指针指向文件头。如果文件存在，则清空，如果不存在，则创建
w^+	读写方式打开，将文件指针指向文件头。如果文件存在，则清空，如果不存在，则创建
a	写入方式打开，将文件指针指向文件尾。如果文件存在，则追加，如果不存在，则创建
a^+	读写方式打开，将文件指针指向文件尾。如果文件存在，则追加，如果不存在，则创建
x	写入方式打开，如果文件存在，则打开失败，不存在，则创建
x^+	读写方式打开，如果文件存在，则打开失败，不存在，则创建

实例【test5-13】 打开文件。

```php
<?php
$file1=fopen("yey/conn.php","r");
echo fgetc($file1);
$file2=fopen("yey/conn.php","r+");
$file3=fopen("http://www.qttc.edu.cn","r");
?>
```

5.3.4 关闭文件

PHP 中关闭文件的函数为 fclose，语法如下：

```
bool fclose(file_resource)
```

file_resource 为使用 fopen 函数后返回的资源对象。

实例【test5-14】 关闭文件。

```php
<?php
$file1=fopen("yey/conn.php","r");
echo fgetc($file1);
fclose($file1);
?>
```

5.3.5 读取文件

打开文件后，可以使用 PHP 内置函数读取文件中的数据，这些函数不仅可以一次只读取一个字符，还可以一次读取整个文件。

PHP 读取文件有关的内置函数，参见表 5-4。

表 5-4　　　　　　　　　　　PHP 读取文件有关的内置函数

函数名称	说明
file()	把整个文件读入一个数组中，各元素由换行符分隔
file_get_contents()	把整个文件读入一个字符串中
fread()	可以规定读取几个字符
fgetc()	读取一个字符
fgets()	读取一行
fgetss()	读取一行，并自动过滤掉 HTML 和 PHP 标记
readfile()	读入一个文件并写入输出缓冲区

1. file()函数

基本形式如下：

```
array file(string filenae[,int use_include_path[,resource context]])
```

实例【test5-15】　file()函数的使用。

```
<?php
$filename="2.txt";
if(file_exists($filename))
{
$a=file($filename);
foreach($a as $num=> $value)
echo $num."=>".$value."<br>";
}
else
echo "该文件不存在";
?>
```

运行结果如图 5-10 所示。

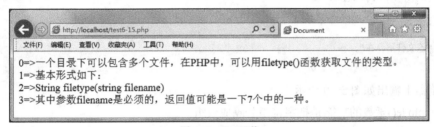

图 5-10　file()函数

2. file_get_contents()函数

基本形式如下：

```
string file_get_contents(string filenae[,int use_include_path[,resource context[,int offset[,int maxlen]]]])
```

实例【test5-16】 file_get_contents()函数的使用。

```php
<?php
$filename="2.txt";
if(file_exists($filename))
{
$a=file_get_contents($filename);
echo $a;
}
else
echo "该文件不存在";
?>
```

运行结果如图 5-11 所示。

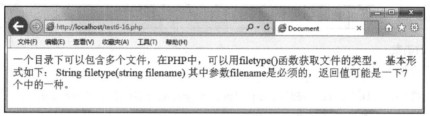

图 5-11　file_get_contents()函数

从图 5-11 可以看出，虽然 file_get_contents()函数也可以将文件的内容读取出来，但是它将所有的内容都显示在了一行，不像图 5-10 所示的那样换行显示内容。

怎么修改代码达到 file()函数那样的换行效果呢？

实例【test5-17】 file_get_contents()函数配合 explode()函数换行显示。

```php
<?php
$filename="2.txt";
if(file_exists($filename))
{
$a=file_get_contents($filename);
$b=explode("\n",$a);
foreach($b as $num=> $value)
echo $num."=>".$value."<br>";
}
else
echo "该文件不存在";
?>
```

在浏览器上输出如图 5-10 所示。

上述 explode()函数的功能是把字符串分隔成数组。

3. fread()函数

基本形式如下：

```
fread(int handle, int length)
```

该函数从文件指针 handle 处读取最多 length 字节。

实例【test5-18】 读取文件的内容。

```php
<?php
$filename="2.txt";
if(file_exists($filename))
{
$handle=fopen($filename,"r");
$a=fread($handle,filesize($filename));
echo $a;
fclose($handle);
}
else
echo "该文件不存在";
?>
```

上述代码中，必须先用 fopen() 函数打开文件，再用 filesize() 函数读取文件的字节数，最后用 fread 函数读取文件内容。

4. fgetc() 函数

基本形式如下：

```
string fgetc ( resource $handle )
```

实例【test5-19】 fgetc() 函数的使用。

```php
<?php
$fp = fopen('1.txt', 'r');
echo fgetc($fp);
?>
```

运行结果如图 5-12 所示。

5. fgets() 函数

基本形式如下：

```
string fgets ( int $handle [, int $length ] )
```

从 handle 指向的文件中读取一行并返回长度最多为 length - 1 字节的字符串。碰到换行符（包括在返回值中）、EOF 或者已经读取了 length - 1 字节后停止（看先碰到哪一种情况）。如果没有指定 length，则默认为 1K，或者说 1024 字节。出错时返回 FALSE。

实例【test5-20】 fgets() 函数的使用。

```php
<?php
$fp = fopen('2.txt', 'r');
echo fgets($fp);
?>
```

运行结果如图 5-13 所示。

图 5-12　fgetc()函数

图 5-13　fgets()函数

6. fgetss()函数
基本形式如下：

```
string fgetss ( resource $handle [, int $length [, string $allowable_tags ]] )
```

和 fgets()相同，除了 fgetss 尝试从读取的文本中去掉任何 HTML 和 PHP 标记。
可以用可选的第三个参数指定哪些标记不被去掉。

实例【test5-21】　fgetss()函数的使用。

```
<?php
$fp = fopen('2.txt', 'r');
echo fgetss($fp);
?>
```

5.3.6　写入文件

读取文件不可以改变文件的内容，如果要实现修改文件的功能，必须对文件进行写入操作。在 PHP 中，通过 fwrite()函数、fputs()函数和 file_put_contents()函数来实现写入文件。

1. fwrite()函数
基本形式如下：

```
int fwrite ( resource $handle , string $string [, int $length ] )
```

fwrite()把 string 的内容写入文件指针 handle 处。如果指定了 length，当写入了 length 个字节或者写完了 string 以后，写入就会停止。

实例【test5-22】　写入文件。

```
<?php
$filename = 'test.txt';
$somecontent = "添加这些文字到文件 ";
// 首先我们要确定文件存在并且可写。
if (is_writable($filename)) {
// 在这个例子里，我们将使用添加模式打开$filename，
// 因此，文件指针将会在文件的末尾，
// 那就是当我们使用 fwrite()的时候，$somecontent 将要写入的地方。
if (!$handle = fopen($filename, 'a')) {
 echo "不能打开文件 $filename";
 exit;
 }
// 将$somecontent 写入到我们打开的文件中。
```

```
if (fwrite($handle, $somecontent) === FALSE) {
echo "不能写入到文件 $filename";
exit;
}
echo "成功地将 $somecontent 写入到文件$filename";
fclose($handle);
} else {
echo "文件 $filename 不可写";
}
?>
```

运行结果如图 5-14、图 5-15、图 5-16 所示。

图 5-14 fwrite()函数

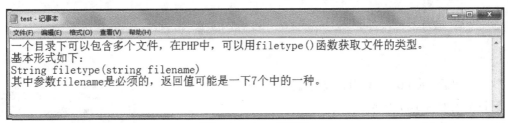

图 5-15 Test.txt 原内容

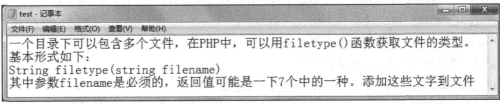

图 5-16 Test.txt 现有内容

2. fputs()函数

此函数是 fwrite()函数的别名。

3. file_put_contents()函数

基本形式如下：

```
int file_put_contents ( string $filename , string $data [, int $flags [, resource $context ]] )
```

该函数将一个字符串写入文件，和依次调用 fopen()，fwrite()以及 fclose()功能一样。

参数 data 可以是数组（但不能为多维数组），这就相当于 file_put_contents($filename, join("", $array))。

file_put_contents()函数的参数类型，参见表 5-5。

表 5-5　　　　　　　　　　　　file_put_contents()函数的参数类型

参数	说明
filename	要被写入数据的文件名
data	要写入的数据。类型可以是 string，array 或者是 stream 资源
flags	可以是 FILE_USE_INCLUDE_PATH, FILE_APPEND 和／或 LOCK_EX（获得一个独占锁定），然而使用 FILE_USE_INCLUDE_PATH 时要特别谨慎
context	一个 context 资源

实例【test5-23】　　下面代码演示如何通过 file_put_contents()函数在 text.txt 文件中添加一段字符串，这些字符串分为 3 行。

```php
<?php
$filename="test.txt";
$data="轻轻地,我走了\r\n正如我轻轻地来\r\n我挥一挥衣袖";
$write=file_put_contents("$filename",$data);
if($write==false)
echo "不能写入到文件$filename";
else
echo "已经成功向$filename 文件中添加内容，添加的字节数是".$write;
}
?>
```

执行代码后，test.txt 原有内容被覆盖掉。

运行结果如图 5-17 所示。

fwrite()函数和 file_put_contents()函数的区别如下。

file_put_contents()函数如果省略第三个参数，则改写原文件。

file_put_contents()函数不必用 fopen()函数打开。

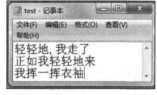

图 5-17　file_put_contents()函数

file_put_contents()函数如果要实现和 fwirte()函数相同的功能，需要把第三个参数指定为 FILE_APPEND。

file_put_contents()函数是文件操作函数的一个包装，用于简化写文件的操作。

包装与不包装的区别在于包装后简单、灵活性差,不包装灵活性强，但要复杂些。

5.3.7　复制文件

PHP 中复制文件的函数为 copy，基本形式如下：

```
Bool copy(string filename1,string filename2)
```

filename1 为源文件和其路径，filename2 为目标文件及其路径。

实例【test5-24】　　复制文件。

```php
<?php
$filename1 ="test.txt";
$filename2 = "newtest.txt";
copy($filename1 ,$filename2);
?>
```

可以看到，在 text..txt 文件的旁边出现了一个 newtest.txt 的文件。

5.3.8 删除文件

PHP 中删除文件的函数为 unlink，基本形式如下：

```
bool unlink(string filename)
```

filename 为文件的名称及其路径。

实例【test5-25】 删除文件。

```php
<?php
$filename = "newtest.txt";
unlink($filename);
?>
```

可以看到，newtest.txt 文件被删除了。

5.3.9 文件上传

通过 PHP，可以把文件上传到服务器。允许用户从表单上传文件是非常有用的。

1. 创建一个文件上传表单

实例【test5-26】 文件的上传。

```html
<html>
<body>
<form action="test5-25.php" method="post" enctype="multipart/form-data">
<label for="file">Filename:</label>
<input type="file" name="file" id="file" />
<br />
<input type="submit" name="submit" value="Submit" />
</form>
</body>
</html>
```

运行结果如图 5-18 所示。

请留意如下有关此表单的信息。

<form> 标签的 enctype 属性规定了在提交表单时要使用哪种内容类型。在表单需要二进制数据时，比如文件内容，请使用 "multipart/form-data"。

图 5-18　文件上传

<input> 标签的 type="file" 属性规定了应该把输入作为文件来处理。举例来说，当在浏览器中预览时，会看到输入框旁边有一个浏览按钮。

允许用户上传文件是一个巨大的安全风险。请仅仅允许可信的用户执行文件上传操作。

2. 创建上传脚本

实例【test5-27】 输出上传文件的类型大小和名称等。

```php
<?php
if ($_FILES["file"]["error"] > 0)
{
```

```
    echo "Error: " . $_FILES["file"]["error"] . "<br />";
    }
    else
    {
    echo "Upload: " . $_FILES["file"]["name"] . "<br />";
    echo "Type: " . $_FILES["file"]["type"] . "<br />";
    echo "Size: " . ($_FILES["file"]["size"] / 1024) . " Kb<br />";
    echo "Stored in: " . $_FILES["file"]["tmp_name"];
    }
    ?>
```

运行结果如图 5-19 所示。

通过使用 PHP 的全局数组 $_FILES，你可以从客户计算机向远程服务器上传文件。

第一个参数是表单的 input name，第二个下标可以是 "name"、"type"、"size"、"tmp_name"或"error"。就像这样：

图 5-19　创建上传脚本

$_FILES["file"]["name"]：被上传文件的名称。

$_FILES["file"]["type"]：被上传文件的类型。

$_FILES["file"]["size"]：被上传文件的大小，以字节计。

$_FILES["file"]["tmp_name"]：存储在服务器的文件的临时副本的名称。

$_FILES["file"]["error"]：由文件上传导致的错误代码。

这是一种非常简单的文件上传方式。基于安全方面的考虑，您应当增加有关什么用户有权上传文件的限制。

3. 上传限制

在这个脚本中，我们增加了对文件上传的限制，用户只能上传 .gif 或 .jpeg 文件，文件大小必须小于 3MB。

实例【test5-28】 对上传的文件进行限制。

```
<?php
if ((($_FILES["file"]["type"] == "image/gif")|| ($_FILES["file"]["type"] == "image/jpeg"))&& ($_FILES["file"]["size"] < 1024*1024*3))
{
if ($_FILES["file"]["error"] > 0)
{
echo "Error: " . $_FILES["file"]["error"] . "<br />";
}
else
{
echo "Upload: " . $_FILES["file"]["name"] . "<br />";
echo "Type: " . $_FILES["file"]["type"] . "<br />";
echo "Size: " . ($_FILES["file"]["size"] / 1024) . " Kb<br />";
echo "Stored in: " . $_FILES["file"]["tmp_name"];
}
}
else
{
echo "Invalid file";
```

```
}
?>
```

因为限制了图片上传的类型,当上传.bmp 格式图片的时候,会报错。运行结果如图 5-20 所示。

4. 保存被上传的文件

上面的例子在服务器的 PHP 临时文件夹创建了一个被上传文件的临时副本。

图 5-20 上传限制

这个临时的复制文件会在脚本结束时消失。要保存被上传的文件,我们需要把它复制到另外的位置。

实例【test5-29】　保存上传的文件到指定的目录。

```
<?php
if ((($_FILES["file"]["type"] == "image/gif")
|| ($_FILES["file"]["type"] == "image/jpeg")
&& ($_FILES["file"]["size"] < 1024*1024*3))
{
if ($_FILES["file"]["error"] > 0)
{
echo "Return Code: " . $_FILES["file"]["error"] . "<br />";
}
else
{
echo "Upload: " . $_FILES["file"]["name"] . "<br />";
echo "Type: " . $_FILES["file"]["type"] . "<br />";
echo "Size: " . ($_FILES["file"]["size"] / 1024) . " Kb<br />";
echo "Temp file: " . $_FILES["file"]["tmp_name"] . "<br />";

if (file_exists("upload/" . $_FILES["file"]["name"]))
{
echo $_FILES["file"]["name"] . " already exists. ";
}
 else
 {
 move_uploaded_file($_FILES["file"]["tmp_name"],"upload/" . $_FILES["file"]["name"]);
 echo "Stored in: " . "upload/" . $_FILES["file"]["name"];
 }
 }
 }
else
 {
 echo "Invalid file";
 }
?>
```

5.3.10　文件下载

通常文件下载过程是十分简单的,建立一个链接指向到目标文件就可以了。例如下面的链接:

```
<a href=http://www.xxx.com/xxx.rar>点击下载文件</a>
```

但是，实际情况可能会稍复杂。比如需要用户填写完整注册信息后才可以下载该文件，这时最先想到的是使用 Redirect 的方式。下面介绍两种方式。

- 用 Redirect 方式。先检查表格是否已经填写完毕和完整，然后将链接指到该文件，这样用户就可以下载。请看下面的示例代码。

```
<?php
/*文件功能：检查变量 form 是否完整*/
if($form){
//重新定向浏览器指向
Header("Location: http:// http://www.xxx.com/xxx.rar");
exit;
}
?>
```

- 根据下载文件的序号来查找，链接的形式如下：

```
<a href="http://www.xxx.com/download.php?id=123455">点击下载文件</a>
```

上面的链接使用 ID 方式接收要下载文件的编号，然后再用 Redirect 的方式连接到真实的文件链接。

以上这两种方法虽然实现了文件的下载功能，但是缺点是直接暴露了文件所属的路径，而且没有防盗链的功能，所以上面的方式是简单直接，但存在安全隐患的文件下载方式。在 PHP 中，通常是利用 header()函数和 fread()函数来实现安全的文件下载的。

例如，需要下载的是一个文件名为 xxx.rar 的文件，首先创建文件名是 download.php 的 PHP 文件。通过前面的例子很容易通过文件的 ID 号从数据库中得到待下载文件的真实位置，在获得文件的真实存储位置后，可以通过 header()函数的 location 参数直接重定向到这个文件。但是这样仍然是不安全的，因为某些下载软件还是可以通过重定向分析获得该文件的位置信息。因此需要用另外一种方法，就是 PHP 的文件处理 API 函数。它是通过 fread()函数把文件直接输出到浏览器提示用户下载，这样所有的处理都是在服务器端完成的，因此用户就无法获得文件具体存储位置信息。

客户端从服务端下载文件的流程分析如下。

浏览器发送一个请求，请求访问服务器中的某个网页（如：down.php）。

服务器接受到该请求以后，马上运行该 down.php 文件。

运行该文件的时候，必然要把将要被下载的文件读入内存当中（这里是 1.bmp 这张图片），这里通过 fopen()函数完成该动作。注意：任何有关从服务器下载的文件操作，必然需要先在服务端将文件读入内存当中，现在文件已经在内存当中了，这时需要从内存当中读取文件，通过 fread()函数完成该动作。需要注意的是如果文件较大，文件应该是被分成多段返回给客户端的，并不是等文件在服务端全部读取完毕后，再一次性返回给客户端，因为这样会增加服务器的负荷。所以我们需要在 php 代码中设置一次读取的字节数，比如我在下面的代码中通过$buffer=1024 设置一次读取的字节数，每读取一次，就输出数据，即返回给浏览器。

具体流程如图 5-21 所示。

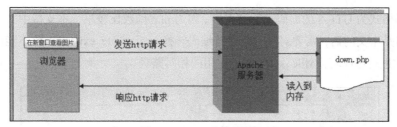

图 5-21 down.php 执行流程

实例【test5-30】 下载文件。

```php
<?php
header("Content-type:text/html;charset=utf-8");
// $file_name="cookie.jpg";
$file_name="xxx.rar";
//用以解决中文不能显示出来的问题
//$file_name=iconv("utf-8","gb2312",$file_name);
//$file_sub_path=$_SERVER['DOCUMENT_ROOT']."marcofly/phpstudy/down/down/";
$file_sub_path="upload/";
$file_path=$file_sub_path. $file_name;
echo $file_path;
//首先要判断给定的文件存在与否
if(!file_exists($file_path)){
echo "没有该文件文件";
return ;
}
$fp=fopen($file_path,"r");
$file_size=filesize($file_path);
//下载文件需要用到的头
Header("Content-type: application/octet-stream");
Header("Accept-Ranges: bytes");
Header("Accept-Length:".$file_size);
Header("Content-Disposition: attachment; filename=".$file_name);
$buffer=1024;
$file_count=0;
//向浏览器返回数据
while(!feof($fp) && $file_count<$file_size){
$file_con=fread($fp,$buffer);
$file_count+=$buffer;
echo $file_con;
}
fclose($fp);
?>
```

运行结果如图 5-22 所示。

从图 5-22 中可以看到文件按照预想的方式被提示下载,单击"保存"按钮将文件保存在本地。

在上述代码中,程序发送 Header 信息是用来告诉 Apache 和浏览器下载文件的相关信息,content-type 的含义代表文件 MIME 类型是文件流格式。

Header("Content-type:text/html;charset=utf-8")的作用:在服务器响应浏览器的请求时,告诉

浏览器以编码格式为 UTF-8 的编码显示该内容。因为 php 函数比较早,不支持中文,所以如果被下载的文件名是中文的话,需要对其进行字符编码转换,否则 file_exists()函数不能识别,可以使用 iconv()函数进行编码转换$file_sub_path()使用的相对路径。

图 5-22 文件下载

Header("Content-type: application/octet-stream")的作用:通过这句代码客户端浏览器就能知道服务端返回的文件形式。

Header("Accept-Ranges: bytes")的作用:告诉客户端浏览器返回的文件大小是按照字节进行计算的。

Header("Accept-Length:".$file_size)的作用:告诉浏览器返回的文件大小。Header("Content-Disposition: attachment; filename=".$file_name)的作用:告诉浏览器返回的文件的名称。

以上四个 Header()是必需的,fclose($fp)可以把缓冲区内最后剩余的数据输出到磁盘文件中,并释放文件指针和有关的缓冲区。

5.3.11 文件和目录操作实例——留言本

在使用 PHP 编程前,需要对自己的项目有想法。留言本有什么功能呢?毫无疑问,留言。留言之后,还应该能让客户查看其留言。

这个 PHP 留言本都该有什么呢?用户发表的标题、用户的注册名、发表的内容。

到此就清楚了,留言本的实现需要两个模块:一个静态 html 页面,提供表单供用户输入,另一个 php 页面,用于接收用户的输入并将结果保存。

实例【test5-31】 以下是 html 页面,Post.html。

```
<html>
<head>
<title>www.phpdo.net 的留言本实战</title>
<meta http-equiv="Content-Type"content="text/html; charset=utf-8">
</head>
<body>
<h1><p align="center">我的留言本</p></h1>
<form method="post"action="Post.php">
<table width="500"border="0"align="center"cellpadding="0"cellspacing="0">
<tr>
```

```
<td>标题</td>
<td><input size=" 50" ></td>
</tr>
<tr>
<td>作者</td>
<td><input size="20"></td>
</tr>
<tr>
<td>内容</td>
<td><textarea cols="50"rows="10"></textarea></td>
</tr>
</table>
<p align="center">
<input value="Submit">
<input value="Reset">
</p>
</form>
</body>
</html>
```

PHP 页面的实现，文件名为 Post.php：

```
<?php
$path = "post/"; //指定存储路径
$filename = "S".date("YmdHis").".dat"; //由当前时间产生文件名
$fp = fopen($path.$filename, "w"); //以写方式创建并打开文件
fwrite($fp, $_POST["title"]."\n"); //写入标题
fwrite($fp, $_POST["author"]."\n"); //写入作者
fwrite($fp, $_POST["content"]."\n"); //写入内容
fclose($fp);
echo"您在 www.phpdo.net 的留言发表成功"; //提示留言发表成功
echo"<a href='Index.php'>返回首页</a>";
?>
```

在 post.htnl 页面内输出内容，可以看到，在 post 文件夹下多了一个文件。

显示留言 Display.php 代码如下：

```
<?php
$path = "post/"; //定义路径
7
$dr = opendir($path); // 定义目录
while($filen = readdir($dr)) //循环读取目录中的文件
{ if($filen != "."and $
filen != "..")
{
$fs = fopen($path.$filen, "r");
echo"<B>标题: </B>".fgets($fs). "<BR>";
echo"<B>作者: </B>".fgets($fs). "<BR>";
echo"<B>内容: </B><PRE>".fread($fs,filesize($path.$filen)). "</PRE>";
```

```
//<PRE>被包围在 pre 元素中的文本通常会保留空格和换行符。而文本也会呈现为等宽字体。
echo"<HR>";  //输入一条线用来隔开每条留言
fclose($fs);
}} closedir($dr);  //关闭目录
?>
```

练习题

一、简答题

1. 打开、关闭文件分别是什么函数？文件读写是什么函数？删除文件是哪个函数？判断一个文件是否存在是哪个函数？新建目录是哪个函数？
2. 文件上传需要注意哪些细节？怎么把文件保存到指定目录？怎么避免上传文件重名问题？
3. 文件下载的时候如何使用 header()函数？
4. 页面字符出现乱码，怎么解决？

第 6 章
PHP 数据库编程

MySQL 是一种小型的 SQL 数据库,具有稳定、安全、检索速度快等优点。MySQL 与 PHP 的结合,使得编写基于数据库的 Web 应用程序变得十分简单。PHP 为 MySQL 提供了 40 多个函数,利用这些函数可以相对容易地完成大部分的数据库操作任务。

6.1 数据库操作的基本步骤

访问 MySQL 数据库一般都遵循固定的步骤,接下来以一个具体的示例进行演示。

假设已经在 MySQL 中创建了一个名为 "test" 的数据库,其中含有一个数据表 "student",具有字段 "student_no" "student_name" "student_contact" 和 "class_no",并添加了一些记录。以下代码将实现连接和显示数据表 "student" 中的所有记录。

实例【test6-1】 显示表中所有的记录,并以表格的形式输出。

```php
<meta charset="UTF-8">
<?php
$db=mysql_connect("localhost", "root", "");
mysql_query("set names utf8");
mysql_select_db("test", $db);
$result = mysql_query("select * from student", $db);
echo "<table border=1>";
echo "<tr><th>学号</th><th>姓名</th><th>电话</th><th>所在班级</th></tr>\n";
while ($myrow=mysql_fetch_row($result))
{
printf("<tr> <td>%s</td> <td>%s</td><td>%s</td><td>%s</td> </tr>", $myrow[0], $myrow[1], $myrow[2], $myrow[3]);
}
echo "</table>";
?>
```

运行结果如图 6-1 所示。

可以看到,数据库操作的基本步骤可以归纳如下。

(1) 链接数据库服务器。例如:mysql_connect("localhost", "user", "passwd")。

（2）选择一个数据库。例如：mysql_select_db("mydb", $db)。

（3）对数据库进行具体的操作。例如：mysql_query("select from employees", $db)。

（4）对数据记录进行处理。例如：mysql fetch_row($result)。

图 6-1　读取 student 表中信息

6.2　连接和关闭数据库

PHP 提供了两个用于连接 MySQL 数据库服务器的函数：mysql_connect()和 mysql_pconnect()。其中函数 mysql_pconnect()可以建立到 MySQL 服务器的持久连接。关闭数据库连接使用函数 mysql_close()。

6.2.1　函数 mysql_connect()：建立连接

函数 mysql_connect()用于建立与 MySQL 服务器的初始连接。

语法格式如下所示：

```
resource mysql_connect([string hostname[:port]  [:/path/to/socket][,string username]
[,string password][,boolean new_link] [,int client_flags]];
```

其中，各参数含义，参见表 6-1。

表 6-1　　　　　　　　　　　　各参数的含义

各参数	含义
hostname	MySQL 服务器主机名或 IP 地址，可选，默认为"localhost"
port	MySQL 服务器端口号，可选，默认为 3306
/path/to/socket	连接本地 MySQL 服务器时可以使用本地套接字路径
usemame	用户名，应当对应于 MySQL 服务器权限表中指定的用户名。默认为服务器进程所有者的用户名
password	密码，对应于 MySQL 服务器权限表中指定用户名的密码。默认为空

续表

各参数	含义
new_link	默认情况下，当以相同的参数第 2 次调用 mysql_connect()函数时，并不会建立新的连接，而是将返回已经打开的连接。如果参数"new_link"为 true，则每次调用 mysql_connect()函数时都会建立一个新的连接
client_flags	该参数的值可以为："MYSQL_CLIENT_COMPRESS"（表示使用压缩的通信协议）、"MYSQL_CLIENT_IGNORE_SPACE"（表示将忽略空格）、"MYSQL_CLIENT_INTERACTIVE"（表示允许设置断开连接前空闲等待的时间，即 INTERACTIVE_TIME-OUT）

如果该函数调用成功，将返回资源标识号（也称数据库连接号、连接句柄、资源句柄或连接标识号，其可以唯一确定一个连接），否则返回 false。通常情况下，只需要使用 mysql_connect()函数的前 3 个参数就可以建立到数据库的连接。

实例【test6-2】 连接数据库。

```
<?php
@mysql_connect("localhost","webmaster","secret")or die("!!!连接失败,无法连接到MySQL
服务器!");
?>
```

其中"localhost"是服务器主机名，"webmaster"是用户名，"secret"是密码。mysql_connect()函数之前的符号"@"表示禁止输出 mysql_connect()调用失败时所产生的任何系统错误信息。

die()函数指定调用 mysql_connect()失败时输出用户指定的错误信息"!!!连接失败，无法连接到 MySQL 服务器！"。

可以看到，本例中在调用 mysql_connect()函数时并没有显式地返回资源标识号，这在程序中只有一个 MySQL 连接时是可以的。但是当与多台主机上的多个 MySQL 服务器进行连接时，必须显式地返回资源标识号，而之后的命令就可以根据资源标识号发往不同的 MySQL 服务器。

实例【test6-3】 连接不同的数据库服务器，并输出结果。

```
<?php
$connect1=@mysql_connect("localhost", "root", "")or die("!!!连接失败,无法连接到本地
MySQL 服务器!");
echo "成功连接到localhost 服务器,返回的连接标识为: ";
echo $connect1;
$connect2=@mysql_connect("162.168.56.211", "root", "",true)or die("!!!连接失败,无法
连接到 162.168.56.211 服务器!");
echo "<br>成功连接到162.168.56.211 服务器,返回的连接标识为: ";
echo $connect2;
$connect3=@mysql_connect("localhost", "webmaster", "password")or die("<br>!!!连接
失败,无法连接到www.example.com 服务器!");
?>
```

运行结果如图 6-2 所示。

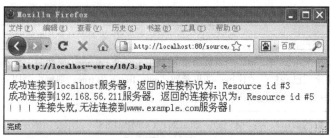

图 6-2　连接并返回资源标识号

可以看到，与"localhost"和"162.168.56.211"的连接建立成功，并分别返回了资源标识号，与 www.example.com 的连接失败。在取得资源标识号之后就可以通过引用"$connectl"或"$connect2"连接到不同的数据库。

 注意　在结束对数据库的操作之后，mysql_connect()函数会自动断开连接。也可以显式地使用 mysql_close()函数提前关闭连接。

6.2.2　函数 mysql_close()：关闭连接

完成数据库操作之后，应当关闭连接。但关闭并不是必需的，因为 PHP 具有垃圾回收功能，会自动对不用的连接进行处理。PHP 也提供了显式关闭连接的函数 mysql_close()，该函数的语法格式如下所示。

```
boolean mysql_close([resource link_id])
```

其中参数"link_id"表示需要关闭连接的资源标识号，可选，如果没有指定"link_id"，则默认是最近打开的连接。函数 mysql_close()如果成功关闭连接，该函数返回 true，否则返回 false。

实例【test6-4】　连接数据库，访问结束后关闭数据库连接。

```php
<meta charset="UTF-8">
<?php
//建立连接
$db=@mysql_connect("localhost", "root", "")or die("！！！连接失败,无法连接到本地MySQL 服务器！");
echo "已连接到MySQL 服务器...<br>";
mysql_query("set names utf8");
mysql_select_db("test", $db);
$result = mysql_query("select * from student", $db);
echo "<table border=1>";
echo "<tr><th>学号</th><th>姓名</th><th>电话</th><th>所在班级</th></tr>\n";
$myrow=mysql_fetch_row($result);
printf("<tr> <td>%s</td> <td>%s</td><td>%s</td><td>%s</td> </tr>", $myrow[0], $myrow[1], $myrow[2], $myrow[3]);
echo "</table>";
//关闭连接
mysql_close($db);
echo "<br>已关闭到MySQL 服务器的连接...<br><br>";
@mysql_select_db("news", $db) or die("!!!无法再对数据库进行操作,指定的连接已关闭...");
?>
```

运行结果如图 6-3 所示。

图 6-3　关闭数据库连接

6.3　选择数据库

在成功连接到 MySQL 服务器后，由于数据库服务器中很可能会包含多个数据库，所以需要进一步选择需要使用的数据库。在 PHP 中选择数据库使用函数 mysql_select_db()，该函数的语法格式如下所示。

```
boolean mysql_select_db(string db name[, resource iink_id])
```

其中参数"db_name"指定要使用的数据库名称，"link_id"表示资源标识号，通常是 mysql_connect()或 mysql_pconnect()的返回值，如果在函数中没有指定资源标识号，则会试图使用前次连接的资源标识号。函数 mysql_select_db()会与数据库服务器上的一个具体的数据库相连接，连接正确返回 true，连接失败返回 false。

实例【test6-5】　以下代码中使用函数 mysql_select_db()选择连接的数据库，并对选择是否成功进行了判断。

```
<?php
//建立连接
$db=@mysql_connect("localhost","root","")or die("！！！连接失败,无法连接到MySQL服务器！");
echo "已连接到MySQL服务器...<br>";
//选择数据库news
if (mysql_select_db("news", $db))
echo "已选择"news"数据库...<br>";
else
echo "数据库选择失败：".mysql_error( );
?>
```

6.4　查询数据库

查询 MySQL 数据库首先需要创建一个 SQL 查询语句，然后将该语句传递给执行查询操作的函数即可。在 PHP 中，执行查询操作的函数有 mysql_query()和 mysql_db_query()。其中函数 mysql_query()直接执行一个 SQL 语句，而函数 mysql_db_query()可以在指定数据库上执行 SQL 语句。mysql_db_query()已经定义为过时的函数，我们就不再介绍。

函数 mysql_query()可以向服务器中指定的数据库发送一条 SQL 语句，并缓存查询的结果。该函数的语法格式如下所示。

```
resource mysql_query(string query, [resource link_id])
```

其中参数"query"是需要执行的查询字符串（SQL 语句）。参数"link_id"可选，表示数据库的资源标识号，通常是 mysql_connect()函数的返回值，如果省略，则默认是最近打开的连接。如果没有已打开的连接，该函数会尝试使用无参数的 mysql_connect()函数来建立一个连接并使用。

如果向 mysql_query()函数传递的是 SELECT、SHOW、EXPLLAIN、DESCRIBE 等查询语句，则执行成功时将返回一个资源标识号（指向一个结果集），失败时返回 false。对于其他的查询语句，成功时返回 true，失败时返回 false。

实例【test6-6】 mysql_query()函数的应用。

```
<?php
//建立连接
$db=@mysql_connect("localhost", "root", "")or die("！！！连接失败,无法连接到MySQL 服务器！");
mysql_query("set names utf8");
echo "已连接到MySQL 服务器...<br>";
//选择数据库并执行插入操作
mysql_select_db("test", $db);
//sql 语句
$sql="insert into student values('2012007', '王霞', '13637580463', 7)";
//执行插入操作
$query =mysql_query($sql);
if ($query)
echo "插入信息成功！！！<br>";
else
echo "插入失败！！！".mysql_error( );
//执行查询操作
$result=mysql_query("select * from student", $db) or die("<br>查询表student 失败！！！");
?>
```

运行结果如图 6-4 所示。

图 6-4　查询数据库

6.5 获取和显示信息

6.5.1 函数 mysql_fetch_row()

函数 mysql_fetch_row()以数组的形式返回查询结果集中的当前记录行，并在调用后将结果集中的当前行指针下移一行。该函数的语法格式如下所示。

```
array mysql_fetch_row ( resource result_set )
```

其中参数"result_set"是由函数 mysql_query()返回的资源标识号（标识一个查询结果集）。函数会从"result_set"中获取当前的数据行，并且以数字索引数组的形式返回。数组的下标从 0 开始，数组中的第 i 个元素的下标为 i-1。

实例【test6-7】 以下代码中利用 while 循环，配合使用 mysql_fetch_row()函数，将数据表中的记录逐条取出并显示。

```php
<?php
//连接服务器
$connect = MySQL_connect('localhost','root','') or die ("！！！连接失败,无法连接到MySQL服务器！") ;
//选择数据库 study
mysql_query("set names utf8");
MySQL_select_db("test", $connect);
//查询 student 数据表
$query = MySQL_query("select * from student", $connect);
//循环获取数据
while ($array=MySQL_fetch_row($query))
{
echo "学号：$array[0] <br>";
echo "姓名：$array[1] <br>";
echo " 电话：$array[2]  <br>";
echo " 班级：$array[3] <br>";
echo "<br>";
}
?>
```

运行结果如图 6-5 所示。

配合使用 list()函数，可以将在 while 循环中每次得到的记录行，按字段赋值给各个变量，可以将上例代码修改为如下代码。

图 6-5 获取表信息

实例【test6-8】 利用 while 循环配合 list()函数修改上例。

```
<?php
//连接服务器
$connect = MySQL_connect('localhost','root','') or die ("！！！连接失败,无法连接到MySQL服务器！") ;
//选择数据库 study
mysql_query("set names utf8");
MySQL_select_db("test", $connect);
//查询 student 数据表
$query = MySQL_query("select * from student", $connect);
//循环获取数据
while (list($name,$address,$phone,$mobile)=MySQL_fetch_row($query))
{
echo "姓名: $name <br>";
echo "住址: $address <br>";
echo " 电话: $phone  <br>";
echo " 手机: $mobile <br>";
echo "<br>";
}
?>
```

6.5.2 函数 mysql_fetch_array()

函数 mysql_fetch_array 与 mysql_fetch_row()类似，会以数组的形式返回查询结果集中的当前记录行，并在调用后将结果集中的当前行下移一行。该函数的语法格式如下所示。

```
array mysql_fetch_array(resource result_set [, int result_type])
```

其中参数"result_set"是由函数 mysql_query()返回的资源标识（标识一个查询结果集）。函数会从"result_set"中获取当前的数据行，并且以数字索引数组或关联数组或者同时具有数字和关联关系的双重索引数组的形式返回。默认情况下，返回的数组既可以使用数字索引，也可以使用关联索引。该函数中可选的第二个参数 result_type 是一个常量，可以接受以下值：MYSQL_ASSOC、MYSQL_NUM 和 MYSQL_BOTH。本特性是 PHP 3.0.7 起新加的。本参数的默认值是 MYSQL_BOTH。

实例【test6-9】 mysql_fetch_array()函数的使用。

```
while ($array=mysql_fetch_array($query))
{
echo "学号：$array[student_no]<br>";
echo "姓名：$array[student_name]<br>";
echo " 电话：$array[student_contact] <br>";
echo " 班级：$array[class_no]<br>";
echo "<br>";
}
?>
```

注意

函数 mysql_fetch_row()返回的结果数组只能使用数字下标进行访问，而函数 mysql_fetch_array()返回的结果数组不仅可以使用数字下标，而且还可以使用字段名进行访问。

6.5.3 函数 mysql_num_rows()

当从数据表中查询数据时，mysql_num_rows()函数返回符合查询条件的记录行数，如果没有符合条件的记录，则返回 0。mysql_num_rows()函数的语法格式如下所示。

```
int mysql_num_rows(resource result_set)
```

其中参数 "resutl_set" 是由函数 mysql_query()返回的资源标识号（标识一个查询结果集）。该函数仅对 SELECT 语句有效，要取得被 INSERT、UPDATE 或者 DELETE 语句所影响到的行的数目，需要使用 mysql_affected_rows()函数。

实例【test6-10】 使用 mysql_num_rows()函数统计数据表中的记录数目。

```
<?php
//连接服务器
$connect = MySQL_connect('localhost','root','') or die ("！！！连接失败,无法连接到MySQL服务器！") ;
//选择数据库 study
mysql_query("set names utf8");
MySQL_select_db("test", $connect);
//查询 student 数据表
$query = MySQL_query("select * from student", $connect);
//循环获取数据
$rows=mysql_num_rows($query);
echo "记录数为".$rows;
?>
```

运行结果如图 6-6 所示。

图 6-6　获取表记录数

6.6　数据的增、删、改及相关操作

通过向 mysql_query() 函数传递不同的 SQL 语句，可以轻松地完成对数据的增加（INSERT）、删除（DELETE）、修改（UPDATE）及相关其他操作。同时，PHP 还提供了 mysql_affected_rows() 函数，可以统计受增、删、改操作影响的记录行数。

6.6.1　使用 INSERT 语句插入新数据

要插入一个新数据，与检索一样，首先需要连接到 MySQL 服务器，然后选择一个数据库，最后执行 SQL 语句。只是执行插入操作时需要执行的 SQL 语句为 INSERT。

实例【test6-11】　对指定的表插入新数据。

```
<?php
//建立连接
$db=@mysql_connect("localhost", "root", "")or die("！！！连接失败,无法连接到MySQL服务器！");
mysql_query("set names utf8");
echo "已连接到MySQL服务器...<br>";
//选择数据库并执行插入操作
mysql_select_db("test", $db);
//sql 语句
$sql="insert into student values('2012008', '李湘一', '13501626768', 7)";
//执行插入操作
$query =mysql_query($sql);
if ($query)
echo "插入信息成功！！！<br>";
else
echo "插入失败！！！".mysql_error( );
//执行查询操作
$result=mysql_query("select * from student", $db) or die("<br>查询表student失败！！！");
?>
```

运行结果如图 6-7 所示。

图 6-7　插入记录

6.6.2　使用 DELETE 语句删除数据

删除数据过程与插入相同，也需要三个步骤：连接 MySQL 服务器，选择一个数据库和执行 SQL 语句。只是删除数据是通过 DELETE 语句完成的。

实例【test6-12】　以下代码删除数据表中姓名为张三的记录。

```php
<?php
$db=mysql_connect("localhost", "root", "");
mysql_query("set names utf8");
mysql_select_db("test", $db);
$result = mysql_query("select * from student", $db);
//删除前信息
echo "<table border=1>";
echo "<tr><th>学号</th><th>姓名</th><th>电话</th><th>所在班级</th></tr>\n";
while ($myrow=mysql_fetch_row($result)) {
printf("<tr> <td>%s</td> <td>%s</td><td>%s</td><td>%s</td> </tr>", $myrow[0], $myrow[1], $myrow[2], $myrow[3]);
}
echo "</table>";
//删除姓名为张三的记录
$sql="delete from student where student_name='张三'";
$result=mysql_query($sql) or die("删除失败");
//删除后信息
$result = mysql_query("select * from student", $db);
echo "<table border=1>";
echo "<tr><th>学号</th><th>姓名</th><th>电话</th><th>所在班级</th></tr>\n";
while ($myrow=mysql_fetch_row($result))
{
printf("<tr> <td>%s</td> <td>%s</td><td>%s</td><td>%s</td> </tr>", $myrow[0], $myrow[1], $myrow[2], $myrow[3]);
}
?>
```

运行结果如图 6-8 所示。

图 6-8 删除记录

6.6.3 使用 UPDATE 语句修改数据

修改数据过程与插入、删除相同，首先需要连接 MySQL 服务器，然后选择一个数据库，最后执行 SQL 语句。只是修改数据是通过 UPDATE 语句完成的。

实例【test6-13】 以下代码将数据表中姓名为"马小六"的记录更新为"马六"。

```
<?php
$db=mysql_connect("localhost", "root", "");
mysql_query("set names utf8");
mysql_select_db("test", $db);
$result = mysql_query("select * from student", $db);
//更新前信息
echo "<table border=1>";
echo "<tr><th>学号</th><th>姓名</th><th>电话</th><th>所在班级</th></tr>\n";
while ($myrow=mysql_fetch_row($result))
{
printf("<tr> <td>%s</td> <td>%s</td><td>%s</td><td>%s</td> </tr>", $myrow[0], $myrow[1], $myrow[2], $myrow[3]);
}
echo "</table>";
//更新记录
$sql="update student set student_name='马六' where student_name='马小六'";
$result=mysql_query($sql) or die("更新失败");
//更新后信息
$result = mysql_query("select * from student", $db);
echo "<table border=1>";
echo "<tr><th>学号</th><th>姓名</th><th>电话</th><th>所在班级</th></tr>\n";
while ($myrow=mysql_fetch_row($result))
{
printf("<tr> <td>%s</td> <td>%s</td><td>%s</td><td>%s</td> </tr>", $myrow[0], $myrow[1], $myrow[2], $myrow[3]);
}
?>
```

运行结果如图6-9所示。

图6-9 更新记录

6.7 数据库的创建和删除

建立和删除数据库的操作,可以通过在函数 mysql_query()中执行相应的 SQL 语句来完成,也可以使用专门的函数,如函数 mysql_create_db()和函数 mysql_drop_db()来完成。

6.7.1 使用 CREATE DATABASE 语句创建数据库

实例【test6-14】 创建指定的数据库。
在 MySQL 服务器中创建了一个名为 "grade" 的数据库。

```php
<?Php
$conn = mysql_connect('localhost','root','') or die ("!!!连接失败,无法连接到MySQL服务器!");
    $result=@mysql_query('create database grade', $conn)or die("创建失败,指定的资源标识号不正确或数据库已存在!!!<br>".mysql_error()."<hr>");
    if ($result==true)
    echo "创建数据库成功!!!<hr>";
    $result=@mysql_query('create database grade', $conn)or die("创建失败,指定的资源标识号不正确或数据库已存在!!!<br>".mysql_error()."<hr>");
    if ($result==true)
    echo "创建数据库成功!!!<hr>" ;
    ?>
```

运行结果如图6-10所示。

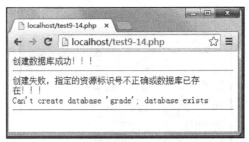

图 6-10　创建数据库

6.7.2　使用 DROP DATABASE 语句删除数据库

通过向函数 mysql_query() 传递 DROP DATABASE 语句可以删除数据库。

实例【test6-15】　删除指定的数据库。

在 MySQL 服务器中删除了一个名为"grade"的数据库。

```
<?Php
$conn = mysql_connect('localhost','root','') or die ("！！！连接失败,无法连接到MySQL服务器！") ;
$result=@mysql_query('drop database grade', $conn)or die("删除失败,指定的资源标识号不正确或数据库不存在!!!<br>".mysql_error()."<hr>");
if ($result==true)
echo "删除数据库成功!!!<hr>";
$result=@mysql_query('drop database grade', $conn)or die("删除失败,指定的资源标识号不正确或数据库不存在!!!<br>".mysql_error()."<hr>");
if ($result==true)
echo "删除数据库成功!!!<hr>" ;
?>
```

运行结果如图 6-11 所示。

图 6-11　删除数据库

6.8　获取数据库信息

PHP 提供了一些函数可以用来获取 MySQL 服务器上的数据库或数据表的相关信息，包括服务器上包含的数据库名称、数据库中包含的数据表的名称等。常用的函数包括：mysql_list_dbs()、mysql_db_name()、mysql_list_tables()和mysql_tablename()。

这些函数在一般的应用系统中并不常用，除非要开发和数据库操作本身关系密切的应用。

6.9 数据库表的创建和删除

建立、删除数据表的操作，可以通过在函数mysql_qIuery() 中执行CREATE TABLE 语句和DROP TABLE 语句完成。

6.10 获取字段信息

PHP 中 mysql_fileld_XXX()系列函数非常多，其中大部分用于获取数据表中字段的相关信息。例如下面的函数。

- mysql_field_name()函数：读取指定字段的字段名。
- mysql_field_seek()函数：定位于指定字段。
- mysql_field_table()函数：获取指定数据库表格的名称。
- mysql_field_type()函数：读取指定字段的类型。
- mysql_field_flags()函数：读取指定字段的标识。
- mysql_field_len()函数：读取指定字段的长度（字节数）。
- mysql_num_fields()函数：获取数据库表中字段的数目。
- mysql_fetch_field()函数：获取字段相关信息。
- mysql_list_field()函数：列出指定表的所有字段。

这些函数不太常用，在需要的时候去查询相关函数的使用方法即可。

6.11 获取错误信息

在对数据库的操作过程中，经常会出现一些和数据库相关的错误信息，如无法连接 MySQL 服务器，无法打开数据库，数据表不存在，主键不唯一等。对于这些错误信息，PHP 提供了专门的错误处理函数。

6.11.1 函数 mysql_error()：返回错误信息

函数 mysql_error()可以获取上一个 MySQL 函数执行时产生的错误信息。该函数的语法格式如下所示。

```
string mysql_error ([resource link_id] )
```

函数 mysql_error()会根据上一个 MySQL 函数的执行情况返回相关信息。如果上一个 MySQL 函数执行时出错，则返回其产生的错误文本，如果没有出错，则返回空字符串。如果没有指定资源标识号"link_id"，则使用最近一个成功打开的连接从 MySQL 服务器获取错误信息。

实例【test6-16】 在指定 SQL 语句时指定了一个不存在的数据表名，执行时将返回错误信息。

```
<?php
//连接服务器
$connect = mysql_connect('localhost','root','') or die ("！！！连接失败,无法连接到mysql服务器！") ;
echo "已连接到MySQL服务器...<br><br>";
//选择数据库test
mysql_select_db("test", $connect);
echo "已选择数据库"test"...<br><br>";
//查询不存在的数据表"noexisttable"
$result = mysql_query("select * from noexisttable", $connect);
if(!$result)
{
echo "程序出错! 所指定的SQL语句或资源标识号有误：<br>";
echo mysql_error($connect);
}
else
echo "SQL语句已执行...<br>";
//输出数据表名
?>
```

运行结果如图 6-12 所示。

注意　显示错误信息所使用的语言取决于 MySQL 服务器的设置，MySQL 提供了 20 多种语言的错误信息。

图 6-12　显示错误信息

6.11.2 函数 mysql_errno()：返回错误号

函数 mysql_errno()可以获取上一个 MySQL 函数执行时产生的错误号。该函数的语法格式如下所示。

```
integer mysql_errno([resource link_id])
```

函数 mysql_errno())会根据上一个 MySQL 函数的执行情况返回相关信息。如果上一个 MySQL 函数执行时出错，则返回其产生的错误代码，如果没有出错，则返回 0。可选参数 "link_id" 表示指定的资源标识号，如果忽略，则使用最近一个成功打开的连接。

实例【test6-17】 以下代码中，在指定输出错误信息的同时，使用函数 mysql_ermo()输出错误的编码。

```
<?php
$connect = mysql_connect('localhost','root','') or die ("！！！连接失败,无法连接到mysql服务器！") ;
echo "已连接到MySQL服务器...<br><br>";
//选择数据库test
mysql_select_db("test", $connect);
echo "已选择数据库 "test" ...<br><br>";
//查询不存在的数据表 "noexisttable"
$result = mysql_query("select * from noexisttable", $connect);
if(!$result)
{
echo "程序出错！错误代码：".mysql_errno( )."<br>";
echo mysql_error($connect);
}
else
echo "SQL 语句已执行...<br>";
?>
```

运行结果如图 6-13 所示。

图 6-13 显示错误行号

注意　函数 mysql_errno()以及函数 mysql_error()仅返回最近一次 MySQL 函数执行时（不包括 mysql_errno()以及 mysql_error()自身）产生的错误信息，因此如果要使用此函数输出错误信息，应确保在调用下一个 MySQL 函数之前使用它。

练习题

一、简答题

1. 简述在 PHP 中怎样连接 MYSQL 服务器。
2. 在 PHP 中怎样选择 MYSQL 数据库？
3. 在 Windows 系统中，启动或停止 MySQL 服务器有哪些方法？
4. 如何列出当前 MySQL 服务器上的所有数据库？如何从服务器中删除一个数据库？
5. 如何从多个表中检索数据？
6. 如何对表中的记录进行更新？如何从表中删除记录？
7. 请详细阐述 msyql_query()函数的功能和具体用法。
8. 请分别叙述 msyql_fetch_array()和 mysql_fetch_row()函数的含义和具体用法。

第 7 章
MySQL 可视化管理

MySQL-Front 是一款小巧的管理 MySQL 的应用程序。主要特性包括多文档界面，语法突出，拖曳方式的数据库和表格，可编辑/可增加/删除的域，可编辑/可插入/删除的记录，可显示的成员，可执行的 SQL 脚本，提供与外程序接口，保存数据到 CSV 文件等。本章主要介绍 MYSQL-Front 的安装以及 MYSQL 高级应用实例，高级应用中涉及到 LIMIT 字句、LIKE 字句、通配符、IN 操作符、ALIAS 别名、创建数据库、表，以及四种约束：NOT NULL 约束、PRIMARY KEY 约束、FORIEIGN KEY 约束、DEFALUT 约束，删除表、索引、数据库，修改表。

7.1 MySQL-Front 安装

步骤一：在百度中输入 MySQL-Front。下载百度软件中心认证过的软件。如图 7-1 所示。

图 7-1 下载 MySQL-Front

步骤二：双击下载好的安装程序，出现安装界面如图 7-2 所示。

步骤三：选择安装目录，如图 7-3 所示。

图 7-2　MySQL-Front 安装向导　　　　　　　图 7-3　选择安装目录

步骤四：给软件命名，如图 7-4 所示。

步骤五：选择是否安装附加任务。Desktop Icon 是创建桌面图标。默认勾选，如图 7-5 所示。

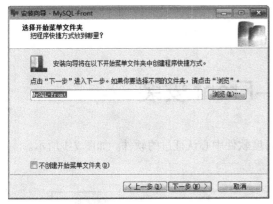 

图 7-4　软件命名　　　　　　　　　　　图 7-5　创建桌面图标

步骤六：安装完成，如图 7-6 所示。

图 7-6　安装完成界面

步骤七：出现 MySQL-Front 的运行界面。填写添加信息，名称：127.0.0.1（root），Host 为服务器的 ip 地址，填写 127.0.0.1 为本地 ip。端口号默认为 3306，连接类型为直连。用户密码为安装 MySQL 时的用户密码。单击确定按钮，如图 7-7 所示。

步骤八：单击登录按钮，出现如图 7-8 所示页面。

图 7-7 配置界面　　　　　　　　　　　　图 7-8 打开登录信息

步骤九：成功登录 MySQL，如图 7-9 所示。

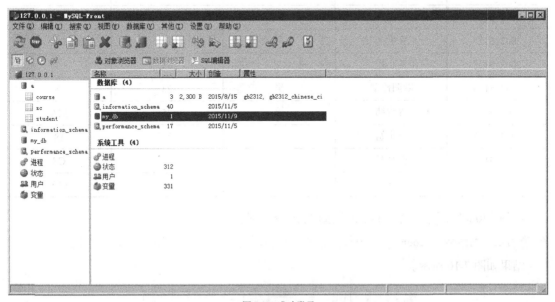

图 7-9 成功登录

7.2 MySQL 高级应用实例

7.2.1 LIMIT 子句

LIMIT 子句用于规定要返回的记录的数目。

LIMIT 操作符语法：

```
SELECT column_name(s)
FROM table_name
LIMIT number
```

下面采用表 7-1 来操作。

表 7-1   student 表

Sno	Sname	Ssex	Sage	Sdept
200215121	李勇	男	20	CS
200215122	刘晨	女	19	CS
200215123	王敏	女	18	MA
200215124	张立	男	19	IS
200215125	王智贤	男	21	IS
200215126	童纪辉	男	20	MA
200215127	张世杰	男	19	LX
200215128	董小姐	女	18	LX
200215129	欧阳修罗	男	23	IS
200215130	曾智纬	男	25	MA
200215131	王小姐	女	20	IS
200215132	曾小贤	男	22	CS
200215133	Carter	男	18	MA

实例【test7-1】 从表 student 中选取头两条记录。

```
SELECT * FROM student LIMIT 2
```

结果如图 7-10 所示。

Sno	Sname	Ssex	Sage	Sdept
200215121	李勇	男	20	CS
200215122	刘晨	女	19	CS

图 7-10 选取 student 表中头两条记录

7.2.2 LIKE 子句

LIKE 操作符用于在 WHERE 子句中搜索列中的指定模式。

LIKE 操作符语法如下：

```
SELECT column_name(s)
FROM table_name
WHERE column_name LIKE pattern
```

实例【test7-2】 从表 student 中选取姓"王"的学生。

```
SELECT * FROM student
WHERE Sname LIKE '王%'
```

运行结果如图 7-11 所示。

Sno	Sname	Ssex	Sage	Sdept
200215123	王敏	女	18	MA
200215131	王小姐	女	20	IS
200215125	王智贤	男	21	IS

图 7-11 选取姓王的学生

实例【test7-3】 从表 student 中选取以"贤"结尾的学生。

```
SELECT * FROM student
WHERE Sname LIKE '%贤'
```

运行结果如图 7-12 所示。

Sno	Sname	Ssex	Sage	Sdept
200215125	王智贤	男	21	IS
200215132	曾小贤	男	22	CS

图 7-12 选取贤字结尾的学生

实例【test7-4】 从表 student 中选取包含"智"的学生。

```
SELECT * FROM student
WHERE Sname LIKE '%智%';
```

运行结果如图 7-13 所示。

Sno	Sname	Ssex	Sage	Sdept
200215125	王智贤	男	21	IS
200215130	曾智纬	男	25	MA

图 7-13 选取包含"智"的学生

7.2.3 通配符

在搜索数据库中的数据时，您可以使用 SQL 通配符。SQL 通配符可以替代一个或多个字符。SQL 通配符必须与 LIKE 运算符一起使用。可使用以下通配符，如图 7-14 所示。

通配符	描述
%	替代一个或多个字符
_	仅替代一个字符
[charlist]	字符列中的任何单一字符
[^charlist] 或者 [!charlist]	不在字符列中的任何单一字符

图 7-14 通配符

实例【test7-5】 从表 student 中选取第一个字符之后是 "00215125" 的学生。

```
SELECT * FROM student
WHERE Sno LIKE '_00215125';
```

运行结果如图 7-15 所示。

Sno	Sname	Ssex	Sage	Sdept
200215125	王智贤	男	21	IS

图 7-15 _通配符的使用

7.2.4　IN 操作符

IN 操作符允许我们在 WHERE 子句中规定多个值。

SQL　IN 语法如下：

```
SELECT column_name(s)
FROM table_name
WHERE column_name IN (value1,value2,...)
```

实例【test7-6】 从表 student 中选取名字为王小姐和曾小贤的学生。

```
SELECT * FROM student
WHERE Sname IN ('王小姐','曾小贤')
```

运行结果如图 7-16 所示。

Sno	Sname	Ssex	Sage	Sdept
200215131	王小姐	女	20	IS
200215132	曾小贤	男	22	CS

图 7-16 IN 操作符实例

7.2.5　ALIAS 别名

通过使用 SQL，可以为列名称和表名称指定别名（Alias）。

表的 SQL Alias 语法如下：

```
SELECT column_name(s)
FROM table_name
AS alias_name
```

列的 SQL Alias 语法如下：

```
SELECT column_name AS alias_name
FROM table_name
```

假设我们有两个表分别是："student"和"course"。我们分别为它们指定别名"S"和"CO"。

实例【test7-7】　从表 student 和 course 中列出王智贤的选课记录。

```
SELECT S.Sno, S.Sname, CO.Cname
FROM student AS S, course AS CO
WHERE S.Sno='200215125' AND S.Sname='王智贤'
```

运行结果如图 7-17 所示。

实例【test7-8】　列的别名。

```
SELECT Sname AS 姓名, Ssex AS 性别 FROM student
```

运行结果如图 7-18 所示。

Sno	Sname	Cname
200215125	王智贤	数据库
200215125	王智贤	数学
200215125	王智贤	信息系统
200215125	王智贤	操作系统
200215125	王智贤	数据结构
200215125	王智贤	数据处理
200215125	王智贤	PASCAL语言
200215125	王智贤	liunx系统
200215125	王智贤	C语言

图 7-17　表的别名

姓名	性别
李勇	男
刘晨	女
王敏	女
张立	男
王智贤	男
童纪辉	男
张世杰	男
董小姐	女
欧阳修罗	男
曾智纬	男
王小姐	女
曾小贤	男
Carter	男

图 7-18　列的别名

7.2.6　CREATE DATABASE 语句

CREATE DATABASE 用于创建数据库，语法如下：

```
CREATE DATABASE database_name
```

实例【test7-9】　创建数据库“my_db”。

```
CREATE DATABASE my_db;
```

7.2.7　CREATE TABLE 语句

CREATE TABLE 用于创建数据库中的表，语法如下：

```
CREATE TABLE 表名称
(
列名称 1 数据类型,
列名称 2 数据类型,
列名称 3 数据类型,
....
)
```

数据类型（data_type）规定了列可容纳何种数据类型。图 7-19 给出了 SQL 中最常用的数据类型。

数据类型	描述
integer(size) int(size) smallint(size) tinyint(size)	仅容纳整数。在括号内规定数字的最大位数
decimal(size,d) numeric(size,d)	容纳带有小数的数字 "size" 规定数字的最大位数。"d" 规定小数点右侧的最大位数
char(size)	容纳固定长度的字符串（可容纳字母、数字以及特殊字符） 在括号中规定字符串的长度
varchar(size)	容纳可变长度的字符串（可容纳字母、数字以及特殊的字符） 在括号中规定字符串的最大长度
date(yyyymmdd)	容纳日期

图 7-19 数据类型

实例【test7-10】 创建表"Pxinxi"，该表包括 5 列，分别是"Id_P" "LastName" "FirstName" "Address"以及"City"。

```
CREATE TABLE Pxinxi
(
Id_P int,
LastName varchar(255),
FirstName varchar(255),
Address varchar(255),
City varchar(255)
)
```

运行结果如图 7-20 所示。

Id_P	LastName	FirstName	Address	City
<NULL>	<NULL>	<NULL>	<NULL>	<NULL>

图 7-20 表 Pxinxi 结构

7.2.8 MySQL NOT NULL 约束

NOT NULL 约束强制列不接受 NULL 值。NOT NULL 约束强制字段始终包含值。这意味着，如果不向字段添加值，就无法插入新记录或者更新记录。

实例【test7-11】 强制列"Id_p"和"LastName"不接受 NULL 值。

```
CREATE TABLE Pxinxi
(
Id_P int NOT NULL,
LastName varchar(255) NOT NULL,
FirstName varchar(255),
Address varchar(255),
City varchar(255)
)
```

7.2.9 PRIMARY KEY 约束

PRIMARY KEY 约束唯一标识数据库表中的每条记录。

主键必须包含唯一的值。主键列不能包含 NULL 值。每个表都应该有一个主键，并且每个表只能有一个主键。

实例【test7-12】 在表 Pxinxi 中创建 Id_P 列为 PRIMARY KEY 约束。

```
CREATE TABLE Pxinxi
(
Id_P int NOT NULL,
LastName varchar(255) NOT NULL,
FirstName varchar(255),
Address varchar(255),
City varchar(255),
PRIMARY KEY (Id_P))
```

实例【test7-13】 在表已存在的情况下为"Id_P"列创建 PRIMARY KEY 约束。

```
ALTER TABLE Pxinxi
ADD PRIMARY KEY (Id_P)
```

实例【test7-14】 撤销 PRIMARY KEY 约束。

```
ALTER TABLE Pxinxi
DROP PRIMARY KEY
```

7.2.10 FOREIGN KEY 约束

一个表中的 FOREIGN KEY 指向另一个表中的 PRIMARY KEY。利用表 7-2 和表 7-3 来操作下面的实例。

表 7-2　　　　　　　　　　　　Pxinxi 表

Id_P	LastName	FirstName	Address	City
1	Adams	John	Oxford Street	London
2	Bush	George	Fifth Avenue	New York
3	Carter	Thomas	Changan Street	Beijing

表 7-3　　　　　　　　　　　　Orders 表

Id_O	OrderNo	Id_P
1	77895	3
2	44678	3
3	22456	1
4	24562	1

请注意，"Orders"中的"Id_P"列指向"Pxinxi"表中的"Id_P"列。

"Pxinxi"表中的"Id_P"列是"Pxinxi"表中的 PRIMARY KEY。

"Orders"表中的"Id_P"列是"Orders"表中的 FOREIGN KEY。

FOREIGN KEY 约束用于预防破坏表之间连接的动作。

FOREIGN KEY 约束也能防止非法数据插入外键列，因为它必须是它指向的那个表中的值之一。

实例【test7-15】 "Orders"表创建时为"Id_P"列创建 FOREIGN KEY。

```
CREATE TABLE Orders
(
Id_O int NOT NULL,
OrderNo int NOT NULL,
Id_P int,
PRIMARY KEY (Id_O),
FOREIGN KEY (Id_P) REFERENCES Pxinxi(Id_P)
)
```

7.2.11 MySQL DEFAULT 约束

DEFAULT 约束用于向列中插入默认值。如果没有规定其他的值，那么会将默认值添加到所有的新记录。

```
SQL DEFAULT Constraint on CREATE TABLE
```

实例【test7-16】 "Pxinxi"表创建时为"City"列创建 DEFAULT 约束。

```
CREATE TABLE Persons
(
Id_P int NOT NULL,
LastName varchar(255) NOT NULL,
FirstName varchar(255),
Address varchar(255),
City varchar(255) DEFAULT 'Sandnes'
)
```

7.2.12 DROP 语句删除索引、表和数据库

1. SQL DROP INDEX 语句

我们可以使用 DROP INDEX 命令删除表格中的索引。

SQL 的语法如下：

```
ALTER TABLE table_name DROP INDEX index_name
```

2. SQL DROP TABLE 语句

DROP TABLE 语句用于删除表，表的结构、属性以及索引也会被删除。

```
DROP TABLE 表名称
```

3. SQL DROP DATABASE 语句

DROP DATABASE 语句用于删除数据库。

```
DROP DATABASE 数据库名称
```

4. SQL TRUNCATE TABLE 语句

如果我们仅仅需要除去表内的数据，但并不删除表本身，可使用 TRUNCATE TABLE 命令（仅

仅删除表格中的数据)。

```
TRUNCATE TABLE 表名称
```

7.2.13 ALTER TABLE 语句

ALTER TABLE 语句用于在已有的表中添加、修改或删除列。

1. SQL ALTER TABLE 语法

如需在表中添加列,请使用下列语法:

```
ALTER TABLE table_name
ADD column_name datatype
```

2. 要删除表中的列,请使用下列语法

```
ALTER TABLE table_name
DROP COLUMN column_name
```

3. 要改变表中列的数据类型,请使用下列语法

```
ALTER TABLE table_name
ALTER COLUMN column_name datatype
```

实例【test7-17】 在表 "student" 中添加一个名为 "Birthday" 的新列。

```
ALTER TABLE student
ADD Birthday date
```

新表 student 如图 7-21 所示。

Sno	Sname	Ssex	Sage	Sdept	Birthday
200215121	李勇	男	20	CS	<NULL>
200215122	刘晨	女	19	CS	<NULL>
200215123	王敏	女	18	MA	<NULL>
200215124	张立	男	19	IS	<NULL>
200215125	王智贤	男	21	IS	<NULL>

图 7-21 添加列

实例【test7-18】 改变表 student 中 Birthday 列的数据类型。

```
ALTER TABLE student
MODIFY COLUMN Birthday varchar(20)
```

实例【test7-19】 删除表 student 中 Birthday 列。

```
ALTER TABLE student
DROP COLUMN Birthday
```

运行结果如图 7-22 所示。

Sno	Sname	Ssex	Sage	Sdept
200215121	李勇	男	20	CS
200215122	刘晨	女	19	CS
200215123	王敏	女	18	MA
200215124	张立	男	19	IS
200215125	王智贤	男	21	IS

图 7-22 删除列

练习题

一、填空题

1. 选取表中某几条记录用关键字（   ）。
2. 模糊查询用关键字（   ）。
3. 创建数据库 class，用的语句是（   ）database class。
4. 删除数据库 class，用的语句是（   ）database class。
5. 设定某个字段为关键字，用（   ）。

二、简答题

1. 简述安装 MySQL FRONT 的步骤。
2. 查询 studen 表中前 5 条记录。
3. 从 student 表和 course 表中选出王智贤的选课记录，用 SQL 语句写出。
4. 从 student 表中查询姓王的学生的记录。
5. 从 student 表中删除王敏的记录。

第8章
正则表达式

正则表达式为 PHP 提供了功能强大、灵活而又高效的文本处理方法，它允许用户通过使用一系列特殊的字符构建匹配模式，然后把匹配模式与数据文件、程序输入以及来自客户端网页中的表单输入数据等目标对象进行比较，最后根据比较对象中是否包含匹配模式，来执行字符串的提取、编辑、替换或和删除等操作。本章主要讲述正则表达式的概念、基本语法、特殊字符、常用的正则表达式、常用的模式匹配函数。

8.1 正则表达式简介

8.1.1 正则表达式的概念

正则表达式又称为正规表达式，简单地说，就是由若干字符组成的单个字符串，它可以描述或者匹配一系列符合某个语法规则的字符串。在多数文本编辑器及其他工具中，正则表达式通常被用来检索或替换那些符合某个模式的文本内容。正则表达式由一些普通字符和一些元字符组成。其中不同的元字符代表不同的特殊含义，它们是实现模式的编码。普通字符包括大小写字母和数字，大多数数字字符在模式中表示它们自身并匹配目标中相应的字符。

8.1.2 正则表达式的基本语法

一个正则表达式分为三个部分：分隔符、表达式和修饰符。

分隔符可以是除了特殊字符以外的任何字符（比如"/ !"等），常用的分隔符是"/"。表达式由一些特殊字符（特殊字符详见 8.1.3）和非特殊的字符串组成，比如"[a-z0-9_-]+@[a-z0-9_-.]+"可以匹配一个简单的电子邮件字符串。修饰符是用来开启或者关闭某种功能/模式。下面就是一个完整的正则表达式的例子。

```
/hello.+?hello/is
```

上面的正则表达式"/"就是分隔符，两个"/"之间的就是表达式，第二个"/"后面的字符串"is"就是修饰符。

在表达式中如果含有分隔符,那么就需要使用转义符号"/",比如"/hello.+?//hello/is"。转义符号除了用于分隔符外,还可以执行特殊字符,全部由字母构成的特殊字符都需要"/"来转义,比如"/d"代表全体数字。

8.1.3 正则表达式的特殊字符

正则表达式中的特殊字符分为元字符、定位字符等。

元字符是正则表达式中一类有特殊意义的字符,用来描述其前导字符,即元字符前面的字符,在被匹配的对象中出现的方式。元字符本身是一个个单一的字符,但是不同或者相同的元字符组合起来可以构成大的元字符。

大括号:大括号用来精确指定匹配元字符出现的次数,例如"/pre{1,5}/"表示匹配的对象可以是"pre" "pree" "preeeee"这样在"pr"后面出现 1 个到 5 个"e"的字符串,或者"/pre{,5}/"代表 pre 出现 0 次到 5 次之间。

加号:"+"字符用来匹配元字符前的字符出现一次或者多次。例如"/ac+/"表示被匹配的对象可以是"act" "account" "acccc"等在"a"后面出现一个或者多个"c"的字符串。"+"相当于"{1,}"。

星号:"*"字符用来匹配元字符前的字符出现零次或者多次。例如"/ac*/"表示被匹配的对象可以是"app" "acp" "accp"等在"a"后面出现零个或者多个"c"的字符串。"*"相当于"{0,}"。

问号:"?"字符用来匹配元字符前的字符出现零次或者 1 次。例如"/ac?/"表示匹配的对象可以是"a" "acp" "acwp"这样在"a"后面出现零个或者 1 个"c"的字符串。"?"在正则表达式中还有一个非常重要的作用,即"贪婪模式"。

还有两个很重要的特殊字符就是"[ ]"。它们可以匹配"[]"之中出现过的字符,比如"/[az]/"可以匹配单个字符"a"或者"z"。如果把上面的表达式改成"/[a-z]/",就可以匹配任何单个小写字母,比如"a" "b"等。

如果在"[]"中出现了"^",代表本表达式不匹配"[]"内出现的字符,比如"/[^a-z]/"不匹配任何小写字母。并且正则表达式给出了几种"[]"的默认值。

[:alpha:]:匹配任何字母

[:alnum:]:匹配任何字母和数字

[:digit:]:匹配任何数字

[:space:]:匹配空格符

[:upper:]:匹配任何大写字母

[:lower:]:匹配任何小写字母

[:punct:]:匹配任何标点符号

[:digit:]:匹配任何 16 进制数字

另外下面这些特殊字符在转义符号"/"转义后代表的含义如下。

s:匹配单个的空格符。

S:用于匹配除单个空格符之外的所有字符。

d:用于匹配从 0 到 9 的数字,相当于"/[0-9]/"。

w：用于匹配字母、数字或下画线字符，相当于"/[a-zA-Z0-9_]/"。

D：用于匹配任何非 10 进制的数字字符。

：用于匹配除换行符之外的所有字符，如果经过修饰符"s"的修饰，"."可以代表任意字符。利用上面的特殊字符可以很方便地表达一些比较繁琐的模式匹配。例如"//d0000/"利用上面的正则表达式可以匹配万以上、十万以下的整数字符串。

定位字符：定位字符是正则表达式中又一类非常重要的字符，它的主要作用是对字符在匹配对象中的位置进行描述。

^：表示匹配的模式出现在匹配对象的开头（和在"[]"里面不同）。

$：表示匹配的模式出现在匹配对象的末尾。

空格：表示匹配的模式出现在开始和结尾的两个边界之一。

"/^he/"：可以匹配以"he"字符开头的字符串，比如 hello、height 等。

"/he$/"：可以匹配以"he"字符结尾的字符串，即 she 等。

"/ he/"：空格开头，和^的作用一样，匹配以 he 开头的字符串。

"/he /"：空格结束，和$的作用一样，匹配以 he 结尾的字符串。

"/^he$/"：表示只和字符串"he"匹配。

括号：正则表达式除了可以用户匹配，还可以用括号"()"来记录需要的信息，存储起来，给后面的表达式读取。比如：

/^([a-zA-Z0-9_-]+)@([a-zA-Z0-9_-]+)(.[a-zA-Z0-9_-])$/ 就是记录邮件地址的用户名和邮件地址的服务器地址（形式为 service@geilijz.com 之类的），在后面如果想要读取记录下来的字符串，只是需要用"转义符 + 记录的次序"来读取。比如"/1"相当于第一个"[a-zA-Z0-9_-]+"，"/2"相当于第二个([a-zA-Z0-9_-]+)，"/3"就是第三个(.[a-zA-Z0-9_-])。但是在 PHP 中，"/"是一个特殊的字符，需要转义，所以""到了 PHP 的表达式中就应该写成"//1"。

其他特殊符号："|"：或符号"|"和 PHP 里面的或一样，不过是一个"|"，而不是 PHP 的两个"||"。意思是可以是某个字符或者另一个字符串，比如"/abcd|dcba/"可能匹配"abcd"或者"dcba"。

8.1.4　常用的正则表达式

在设计 Web 程序时，经常用到正则表达式，表 8-1 列出了其中比较常见和使用的正则表达式，读者在今后设计网站项目时可以参考。

表 8-1　　　　　　　　　　　Apache 的配置参数说明

要匹配的内容	正则表达式
网址 URL	^http://([\w-]+\.)+[\w-]+(/([\w-./?%&=]*)?$
日期格式	^\d{4}-\d{1,2}-\d{1,2}
IP 地址	\d+\.\d+\.\d+\.\d+
中文字符	[\u4e00-\u9fa5]
空行	\n\s*\r
HTML 标记	<(\S*?)[^>]*>.*?</\1>|<.*? />
首尾空格	^\s*|\s*$或(^\s*)|(\s*$)

续表

要匹配的内容	正则表达式
E-mail 地址	^\w+([-+.]\w+)*@\w+([-.]\w+)*\.\w+([-.]\w+)*$
腾讯 QQ 号	[1-9][0-9]{4,}
邮政编码	[1-9]\d{5}(?!\d)
身份证号	^\d{15}|\d{18}$
手机号码	^(13[0-9]|14[5|7]|15[0|1|2|3|5|6|7|8|9]|18[0|1|2|3|5|6|7|8|9])\d{8}$

实例【test8-1】 验证邮箱格式。

```
<html>
<script>
function isEmail(strEmail) {
if(strEmail.search(/^\w+((-\w+)|(\.\w+))*\@[A-Za-z0-9]+((\.|-)[A-Za-z0-9]+)*\.[A-Za-z0-9]+$/) != -1)
return true;
else
alert("格式不正确");
}
</script>
<input type=text  onblur=isEmail(this.value)>
```

运行结果如图 8-1 所示。

图 8-1 验证邮箱格式

8.2 模式匹配函数

上一节介绍了由普通字符和元字符一起组成的匹配模式,但光有模式是不能做任何事情的,它必须与函数相配合才能起作用。下面将详细介绍常见的模式匹配函数。

8.2.1 匹配字符串

正则表达式编写完以后就可以使用模式匹配函数来处理指定字符串,其中字符串的匹配是正则表达式的主要应用之一。

Preg_match()函数：在 perl 兼容的正则表达式中使用该函数进行字符串的查找。其语法格式如下：

```
int preg_match(string pattern,string subject[,array matches[,int flags]])
```

功能描述：在 subject 字符串中搜索与 pattern 给出的正则表达式相匹配的内容，如果搜索到，则返回与 pattern 匹配的次数。该函数在第一次匹配成功之后就停止搜索，因此最后返回的值要么是 0，要么是 1。如果带有可选的第 3 个参数 matches，则可以把匹配的部分存在一个数组中，可选参数 flags 表示数组 matches 的长度，如果为 0，则数组将包含与整个模式匹配的文本，如果为 1，则数组将包含于第一个捕获的括号中的子模式所匹配的文本。

实例【test8-2】 获取主机名和域名。

```
<?php
// 从 URL 中取得主机名
$str="http://www.qttc.edu.cn/index.html";
preg_match("/^(http:\/\/)?([^\/]+)/i", $str, $matches);
$host = $matches[2];
echo "主机名是".$host."<br>";
// 从主机名中取得后面两段

preg_match("/[^\.\/]+\.[^\.\/]+$/", $host, $matches);
echo "域名是: {$matches[0]}\n";
?>
```

运行结果如图 8-2 所示。

图 8-2 获取域名

8.2.2 替换字符串

用于替换字符串的函数主要有两个。一个是 preg_replace()函数，它是 perl 兼容正则表达式函数；另一个是 ereg_replace()函数，它是 POSIX 扩展正则表达式函数。

preg_replace()函数：该函数执行正则表达式的搜索和替换。其语法格式如下：

```
mixed preg_replace(mixed pattern,mixed replacement,mixed subject[,int limit])
```

其中，replacement 中可以包含形如\\n 或"$n"的逆向引用，$n 取值 1～99，优先使用后者。这里先说说什么是逆向引用。它是通过反斜线转义的数字，该数字指出当前表达式应该在此匹配它已经查找到的这个序列。此时，逆向引用的数字 n 指定当前正则表达式中从左往右数，第 n 个圆括号括起来的子模式应当替换它在字符串中所匹配的文本。解释完了逆向引用，再回到正题，替换模式在一个逆向引用后面紧接着一个数字时,最好不要使用\\n 来表示逆向引用。例如,"、、11", 这将会使 preg_replace()函数无法分清是一个\\1 的逆向引用后面跟着一个数字 1,还是一个表示\\11 的逆向引用。解决方法是使用"\${1}1"。这会形成一个隔离的"$1"逆向引用,而另一个"1"只是单纯的字符。

实例【test8-3】 替换字符串。

```
<?php
$str="<h1>I love china</h1>";
echo preg_replace('/<(.*?)>/', " ($1) ",$str);
?>
```

运行结果如图 8-3 所示。

ereg_replace()函数:可以将查找到的字符串替换为指定字符串。语法格式如下:

```
string ereg_replace(string $pattern,string $replacement,string $string)
```

其中,参数$replacement 表示替换字符串时要用到的字符,其功能是使用字符串$replacement 替换字符串$string 中与$pattern 匹配的部分并返回替换后的字符串。如果没有可供替换的匹配项, 则返回原字符串。

实例【test8-4】 字符串替换为超链接。

```
<?php
$stra="hello world";
echo ereg_replace("[lro]","y",$stra)."<br>";
$resrc='<a href=\"world.php\">hello</a>';
echo ereg_replace("hello",$resrc,$stra);   //用一个超链接替换 hello 字符
?>
```

运行结果如图 8-4 所示。

图 8-3 替换字符串

图 8-4 字符串替换为超链接

8.2.3 用正则表达式分隔字符串

PHP 程序支持两种用于对字符串进行分隔的正则表达式函数,一种是 perl 兼容正则表达式函数 preg_split(),另一种是 POSIX 扩展正则表达式函数 split()。

preg_split()函数:该函数功能是用正则表达式来分割指定的字符串。其语法格式如下:

```
array preg_split(string $pattern,string $subject[,int $limit[,int $flags]])
```

本函数区分大小写,返回一个数组,其中包含$subject 中沿着与$pattern 匹配的边界所分割的字串。如果指定了可选参数$limit,则最多返回$limit 个子串,如果省略或为-1,则没有限制。可选参数$flags 的值可以是以下 3 种。

PREG_SPLIT_NO_EMPTY：如果设定本标记，则函数只返回非空的字符串。

PREG_SPLIT_DELIM_CAPTURE：如果设定本标记，定界符模式中的括号表达式的匹配项也会被捕获并返回。

PREG_SPLIT_OFFSET_CAPTURE：如果设定本标记，对每个出现的匹配结果也同时返回其附属的字符串偏移量。

实例【test8-5】 preg_split()函数分割字符串。

```
<?php
$str="one world,one dream";
$pricewords=preg_split("/[\s,]+/",$str);    //以空白符或逗号作为定界符
print_r($pricewords);
?>
```

运行效果如图 8-5 所示。

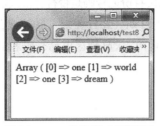

图 8-5　preg_split()函数分割字符串

Split 函数：其功能与 preg_split()函数类似，实现用正则表达式对字符串进行分割。其语法格式如下：

```
array split (string $pattern,string $string [,int $limit])
```

本函数返回经使用$pattern 作为边界对字符串$string 进行分割后得到的字符串数组，如果设定了$limit，则返回数组最多包含$limit 个元素，而其中最后一个元素包含了字符串$string 中剩余的所有部分，如果出错，则返回 flase。

实例【test8-6】 plit()函数分割字符串。

```
<?php
$string="I. am a .teacher";
$array=split('[|._]',$string);
print_r($array);
?>
```

运行结果如图 8-6 所示。

图 8-6　split()函数分割字符串

练 习 题

一、填空题

1. PHP 中语句以（　　）结束。
2. PHP 数组用关键字（　　）来命名。
3. 如果双引号中出现了双引号，那么双引号要改成（　　）。
4. 删除表中的某条记录用（　　）语句。

二、简答题

1. 简述什么是正则表达式，它由哪两种类型的字符组成。
2. 如果要验证中国大陆地区居民身份证号码是否符合格式规定，应该怎样来编写正则表达式？
3. 创建一个动态网页，要求把日期"2011-4-24"转换成"2011年4月24日"。
4. 创建动态网页程序，实现对中国大陆地区电话号码和 IP 地址有效性的验证。

第 9 章 面向对象编程

面向对象的概念是面向对象技术的核心。在现实世界里我们所面对的事情都是对象，如计算机、电视机、自行车等。在面向对象的程序设计中，对象是一个由信息及对信息进行处理的描述所组成的整体，是对现实世界的抽象。本章主要讲述面向对象的概念、类和对象的关系、类的实例化和作用域、构造函数和析构函数、继承，以及高级应用中的抽象类、接口、克隆对象等。

9.1 面向对象的概念

9.1.1 类

类描述了一组有相同属性和相同行为的实物。

面向过程的编程语言与面向对象的编程语言的区别在于：面向过程的语言不允许程序员自己定义数据类型，只能使用程序中内置的数据类型；而面向对象编程提供了类的概念，程序员可以根据需要自由地定义数据类型。通过类，程序员可以将某软件项目模拟成真实世界，从而设计出更加科学、合理的解决方案来。

9.1.2 对象

对象是系统中描述客观事件的一个实体，它是构成系统的一个基本单位。数据与代码都被捆绑在一个实体当中，一个对象由一组属性和对这组属性进行操作的一组行为组成。从抽象的角度来说，对象是问题域或实现域中某些事物的一个抽象。它反映该事物在系统中保存的信息和发挥的作用，它是一组属性和有权对这些属性进行操作的一个封装体。客观世界是由对象和对象之间的联系组成的。

类是包含属性和方法的集合。就像一张建筑工程的蓝图一样，类本身不能做任何事情，它只是定义了一个对象所具有的属性和方法，属性用于描述对象，而方法用于定义对象的行为。类与对象的关系就如模具和铸件的关系，类的实例化的结果就是对象，而对对象的抽象就是类，类描述了一组有相同特性（属性）和相同行为的对象。

9.2 PHP 和对象

9.2.1 类的定义

类的定义的语法格式如下：

```
class classname [可选属性]
{
public $property [=value];…         //定义类的属性
function functionname ( args ){     //定义类的方法
}
```

实例【test9-1】 定义一个简单的类。

```
class test
{
var $number;
function add($number)
{
echo "hello world";
}
}
```

在声明一个类后，类只存在于文件中，程序不能直接调用，需要创建一个对象后程序才能使用。

9.2.2 类的实例化

类的实例化的语法格式如下：

```
$对象名=new 类名();
```

实例【test9-2】 类的实例化。

```
<?php
class teacher
{
var $name;
var $sex;
var $age;
function show(){
echo $this->name;
echo $this->sex;
echo $this->age;
}
}
$lixiangyi=new teacher();            //实例化对象
```

```
$lixiangyi->name="李湘一";
$lixiangyi->age=30;
$lixiangyi->sex="女";
$lixiangyi->show();

?>
```

运行结果如图 9-1 所示。

图 9-1 类的实例化

9.2.3 显示对象的信息

可以利用 print_r() 函数来显示对象的详细信息，在显示对象信息时，将以数组的形式输出。

实例【test9-3】 显示对象的信息。

```
<?php
class yunsuan{
var $a;
var $b;
function add( $a,$b){
$sum=$a+$b;
echo $sum;
}
}
$c=new yunsuan();
$c->a=10;
$c->b=20;
print_r($c);
?>
```

运行结果如图 9-2 所示。

图 9-2 显示对象的详细信息

9.2.4 类成员和作用域

类成员指的就是类的属性。在 PHP 4 中，类的属性必须使用关键字 var 来声明，而在 PHP 5 中，引入了访问的修饰符 public、private 和 protected。它们可以控制属性和方法的作用域，通常放置在属性和方法的声明之前。PHP 5 中支持以下三种不同的访问修饰。

默认的是 public（公共），即当你没有为属性和方法指定访问修饰时就默认为 public。而这些 public 的项目在类内、类外都可以访问。

private（私有）访问修饰，意味着被修饰的项只能在类中被访问。如果你没使用__get()和__set()，就最好给每个属性都加上 private 修饰。也可以给方法加 private 修饰，例如一些只在类中才用到的函数。private 修饰的项不能被继承。

protected（保护）修饰的项能在类及其子类的内部进行访问。

实例【test9-4】 作用域。

```
<?php
class doctor{
public $num;
protected $name;
private $telephone;
public function info(){
echo "start";
}
}
$doc1=new doctor();
$doc1->num="003015";
$doc1->info();
$doc1->telephone="13637580463";//出错，访问权限不够，telephone 只能在 doctor 类内部访问
?>
```

运行结果如图 9-3 所示。

图 9-3 作用域

9.2.5 构造函数

构造函数是类中的一个特殊函数，当用 new 来创建类的对象时会自动执行该函数。如果在声明一个类时同时声明了构造函数，则会在每次创建该类的对象时自动调用此函数，因此非常适合在使用对象之前完成一些初始化工作。

在 PHP 5 中，构造函数的名称是__construct（注意，前面的是两条连着的下画线）。

实例【test9-5】 九九乘法表。

```
<?php
class jiujiu{
public $x;
function __construct()
{
 $this->x=9;
```

```
}
function print_jiujiu(){
for($i=1;$i<=$this->x;$i++)
{
for($j=1;$j<=$i;$j++)
{
echo $j." *".$i." ";
}
 echo "<br>";
}
}
}
$table=new jiujiu();
$table->print_jiujiu();
?>
```

运行结果如图 9-4 所示。

图 9-4　九九乘法表

9.2.6　析构函数

类的析构函数的名称是__destruct，如果在类中声明了该函数，PHP 在对象不再需要时会调用析构函数将对象从内存中销毁。

实例【test9-6】　析构函数。

```
<?php
class rd_file{
Public $file;
function __construct()
{
$this->file=fopen('path','a');
}
function __destruct()
{
fclose($this->file);
}
}
```

9.2.7　继承

PHP 类的继承，我们可以理解成共享被继承类的内容。PHP 中使用 extends 单一继承的方法，被继承的类我们叫作父类，继承者称为子类。

PHP 继承的规则是：

CLASS1------>CLASS2------>CLASS3

依次被继承，class3 拥有 class1、class2 所有功能和属性，避免方法和属性重名。

```
class son extends root{};
```

实例【test9-7】 继承。

```php
<?Php
class Animal
{
private $weight;
public function getWeight() {
return $this->weight;
}
public function setWeight($W) {
$this->weight = $W;
}
}
class Dog extends Animal
{
function Bark(){
echo "小狗在叫";
}
}
$myDog = new Dog();
$myDog->setWeight(20);
echo "Mydog's weight is " . $myDog->getWeight() . "<br />";
$myDog->Bark();
?>
```

运行结果如图 9-5 所示。

在子类中，调用父类的方法，除了使用$this->外，还可以使用 parent 关键字加范围解析符，如 parent::functioname()。而对于父类的属性，在子类中只能使用$this->来访问，因为在 PHP 中，属性是不区分父类、子类的。

图 9-5 继承

9.3 PHP 对象的高级应用

9.3.1 final 关键字

如果我们希望某个类不被其他的类继承（比如为了安全原因等），那么可以考虑使用 final。final 使用语法如下：

```
final class A{}
```

如果我们希望某个方法，不被子类重写，可以考虑使用 final 来修饰，final 修饰的方法还是可以继承的，因为方法的继承权取决于 public 的修饰。

实例【test9-8】 final 关键字。

```php
<?php
class A{
final public function getrate($salary){
return $salary*0.08;
}
}
class B extends A
{
//这里父类的 getrate 方法使用了 final，所以这里无法再重写 getrate
public function getrate($salary){
return $salary*0.01;
}
}
?>
```

运行结果如图 9-6 所示。

图 9-6　final 关键字

9.3.2　抽象类

在我们实际开发过程中，有些类并不需要被实例化，如前面学习到的一些父类，主要是让子类来继承，这样可以提高代码复用性。

语法结构如下：

```
abstract class 类名{
属性 $name;
方法(){}  //方法也可以为 abstract 修饰符
function 方法名(){}
}
```

实例【test9-9】 抽象类。

```php
<?php
abstract class animal{
public $name;
public $age;
//抽象方法不能有方法体，主要是为了让子类去实现
abstract public function cry();
//抽象类中可以包含抽象方法，同时也可以包含实例类方法
public function getname(){
```

```
echo $this->name;
}
}
class Cat{
public function cry(){
echo 'ok';
}
}
?>
```

动物类，实际上是一个抽象的概念，它规定了一些动物有哪些共同的属性和行为。再比如：交通工具类、植物类等。

1. 如果一个类用了 abstract 来修饰，则该类就是一个抽象类。如果一个方法被 abstract 修饰，那么该方法就是一个抽象方法，抽象方法不能有方法体 abstract function cry()；连{}也不可以有。

2. 抽象类一定不能被实例化，抽象类可以没有抽象方法，但是如果一个类包含了任意一个抽象方法，这个类一定要声明为 abstract 类。

3. 如果一个类继承了另一个抽象类，则该子类必须实现抽象类中所有的抽象方法（除非它自己也声明为抽象类）。

9.3.3 接口

接口就是将一些没有实现的方法封装在一起，到某个类要用的时候，再根据具体情况把这些方法写出来。

语法结构如下：

```
interface 接口名{
//属性、方法
//接口中的方法都不能有方法体；
}
```

实现接口代码如下：

```
class 类名 implements 接口名{

}
```

接口就是更加抽象的抽象类，抽象类里的方法可以有方法体，但是接口中的方法不能有方法体。接口实现了程序设计的多态和高内聚、低耦合的设计思想。

实例【test9-10】 接口。

```
<?php
interface iUsb{
public function start();
public function stop();
}
//编写相机类，让它去实现接口
//当一个类实现了某个接口，那么该类就必须实现接口的所有方法
class Camera implements iUsb{
public function start(){
echo 'Camera Start Work'.'<br>';
}
```

```
public function stop(){
echo 'Camera Stop Work';
}
}
//编写一个手机类
class Phone implements iUsb{
public function start(){
echo 'Phone Satrt Work'.'<br>';
}
public function stop(){
echo 'Phone Stop Work';
}
}
$c=new Camera();
$c->start();
$p=new Phone();
$p->start();
?>
```

运行结果如图 9-7 所示。

图 9-7 接口

小结：

1. 接口不能被实例化，接口中所有的方法都不能有主体。
2. 一个类可以实现多个接口，以逗号（,）分隔，如 class demo implements if1,if2,if3{}。
3. 接口中可以有属性，但必须是常量，常量不可以有修饰符（默认是 public 修饰符）。

例如：

```
interface iUsb{
const A=90;
}
echo iUsb::A;
```

4. 接口中的方法都必须是 public 的，默认是 public。
5. 一个接口不能继承其他的类，但是可以继承其他的接口,一个接口可以继承多个其他接口。

例如：

```
interface 接口名 extends if1,if2{}
```

6. 一个类可以在继承父类的同时实现其他接口。

例如：

```
class test extends testbase implements test1,test2{}
```

php 的继承是单一继承，也就是一个类只能继承一个父类，这样对子类功能的扩展有一定的影响。实现接口可以看作是对继承类的一个补充。继承是层级的关系，不太灵活，而实现接口是平级的关系，实现接口可以在不打破继承关系的前提下，对某个功能扩展，非常灵活。

9.3.4 克隆对象

PHP 可以使用 clone 关键字建立一个与原对象拥有相同属性和方法的对象，这种方法适用于在一个类的基础上实例化两个类似对象的情况。语法结构如下：

```
$new_obj=clone $old_obj;
```

其中$new_obj 是新的对象名，$old_obj 是要克隆的对象名。

克隆后的对象拥有被克隆对象的全部属性，如果需要改变这些属性，可以使用 PHP 提供的方法 __clone。该方法在克隆一个对象时将自动被调用。

实例【test9-11】 克隆。

```
<?php
class student{
Public $number=2;
Public function __clone(){
$this->number=$this->number+1;
}
}
$cls1=new student();
$cls2=clone $cls1;
echo $cls1->number."<br>";
echo $cls2->number;
?>
```

运行结果如图 9-8 所示。

图 9-8 克隆

练 习 题

一、填空题

1. 类是包含（　　）和（　　）的集合。
2. 实现继承要用关键字（　　）。
3. 构造函数的名称是（　　）。
4. 析构函数的名称是（　　）。
5. 实例化对象要用关键字（　　）。

二、简答题
1. 在 PHP 中如何定义类及类的成员？
2. 如何创建基于类的一个对象？
3. 如何定义私有、公共和受保护的属性？怎样实现类的继承？
4. 简述构造函数和析构函数的功能，并描述语法结构。

第 10 章 实验指导

本章主要通过 9 个实验，总结前边章节的知识点。前 7 个实验是 PHP 设计的基本语法。后边两个实验是应用实例。通过实验八验证码的制作和实验九小型新闻发布系统的开发，使学生掌握本课程的基本知识点，并能够独立开发中小型网站。下面给出具体的实验内容。

10.1 实验一 架设 Windows 下的 PHP 测试服务器

10.1.1 实验准备

系统环境和 PHP 相关软件、开发工具准备如下。

操作系统：WindowX（Windows95/98/me/XP/NT 系列/2000 系列/2003）具体机房环境，请在 Windows xp 环境下操作。

Web 服务器：Apache 2.0.63（压缩包文件：apache_2.0.63-win32.exe）。

PHP：PHP5.2.11（压缩包文件：php-5.2.11-Win32.zip）。

数据库：MySQL 5.1.39（压缩包文件：mysql-essential-5.1.39-win32.zip）。

脚本编辑器：EditPlus（已安装好），图形化编辑环境，常用于复杂网页设计。

10.1.2 实验目的

能够快速部署 Windows 下的开发测试服务器环境，以满足学生在宿舍自己机器上学习、研究和开发 PHP 程序设计的需要或实际工作的需要。

10.1.3 路径说明

为说明问题的简单起见，路径设为比较简单的示例路径，但已经过测试。实际运用时，路径完全可根据自己的需要设定。

10.1.4 PHP 的安装和配置

1. 安装

下载 PHP-5.2.5-Win32.ZIP 软件包，不需要安装，在 C 盘根目录下建立文件夹 C:\php。将软件包解压缩到该目录下。

在 C:\php 目录下找到 php.ini-dist 文件，将其名字改为 php.ini，这是 php 的配置文件。

修改 php.ini 文件，步骤如下。

（1）找到 extension_dir="./"改为 extension_dir="C:/php/ext"。

（2）找到"; extension=php_mbstring.dll" 去掉前面的分号。

（3）找到"; extension=php_mysql.dll" 去掉前面的分号。

（4）找到"; extension=php_mysqli.dll" 去掉前面的分号。

修改完 php.ini 文件后，保存该文件，并复制到 C:\Windows\目录下。

将 C:\PHP\libmysql.dll 复制到 C:\windows\system32 目录下。

2. 配置

配置 PHP 通过修改 php.ini 中的参数来实现。对 MySQL 而言，若无特殊要求，一般无需配置。因为 PHP 在 php.ini 中已经做好了对 MySQL 的配置，所以一般无需修改。

10.1.5 Apache 的安装和配置

1. 安装

双击 apache_2.0.63-win32.exe，根据提示，选择 custom 安装方式，然后选择默认方式，即完成安装。注意：如果您的计算机安装了 IIS，请先到控制面板关闭 IIS 服务，因为 IIS 服务器与 Apache 服务器使用同一个端口。

2. 配置

单击[开始]→[程序]→[Apache HTTP Server 2.2]→[Configure Apache Server]→[Edit the Apache httpd.conf configuration File]，打开 Apache 的配置文件 httpd.conf，按表 10-1 提示进行配置。

 每处的配置要起作用，必须将行首的#号（注释符号）去掉，□表示一个或多个空格。

表 10-1　　　　　　　　　　Apache 的配置参数说明

序号	参数名和示例参数值	配置方法	说明
①	BindAddress□(你所用机器的 IP 地址)	修改	地址绑定(指定服务器地址)
②	LoadModule□php5_module c:/php/sapi/php5apache.dll	添加	将 PHP 配置为 Apache 的模块（Apache module）方式
③	Port□80	修改	指定端口
④	ServerAdmin□(你的邮箱地址，如 ssl@dzu.edu.cn)	修改	指明管理员信箱
⑤	ServerName□ssl	修改	指明主机名称

续表

序号	参数名和示例参数值	配置方法	说明
⑥	DocumentRoot□ "d:\Website\htdocs"	修改	Web 文档发布主目录
⑦	<Directory□ "d:\ Website\htdocs" >	修改	该处目录应与 Web 文档发布主目录一致
⑧	ScriptAlias□/php/□ "c:/php/" AddType□application/x-httpd-php□.php Action□application/x-httpd-php□ "/php/php.exe"	添加	指明脚本路径 指明 PHP 脚本扩展名 指明 PHP 脚本解释器程序名
⑨	DirectoryIndex□index.htm□index.php	修改	指定默认文档

按照表 10-1 中所示进行配置后，可以测试配置是否成功。打开浏览器键入地址 http://localhost，看能否出现服务器测试页面，如果能，说明配置成功。

10.1.6 Apache 服务的安装和启动

单击[开始]→[程序]→[Apache HTTP Server 2.2]→[Control Apache service]→[Start]。

默认情况下，每次操作系统启动时自动启动该服务，可更改为启动方式为"手动启动"。

10.1.7 测试 Apache 服务器对 PHP 的支持能力

用 EditPlus 编写测试脚本，存为 d:\Website\htdocs\ceshi.php，内容为：

```
<?php
echo phpinfo();
?>
```

其中 phpinfo()是 PHP 内置函数，用来显示 PHP 和 Apache 配置信息。在浏览器中键入地址 http://localhost/ceshi.php，如果出现图 10-1 所示页面，则说明 Apache 服务器支持 PHP 脚本；如果不显示类似页面，则说明配置有误，需要重新配置。

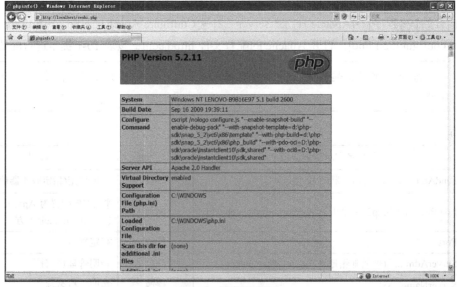

图 10-1　测试配置页面

10.1.8 MYSQL 的安装和启动

将 mysql-essential-5.1.39-win32.zip 解压缩后，双击 setup.exe，根据提示，选择 custom 安装方式，选择默认方式，键入用户自己设定的密码。

安装结束后，下面测试安装是否成功。单击"开始"按钮，选择"MySQL→MySQL Server5.1→MySQL Command Line Client"，会出现图 10-2 所示的窗口，键入用户密码，根据提示操作即可。

图 10-2 MYSQL 启动页面

10.1.9 测试 PHP 和 MYSQL 的协同

在 d:\Website\htdocs 下新建 connect.php 页面测试 PHP 和数据库是否连接成功。程序代码如下所示。

```
<?
$connection=mysql_connect('127.0.0.1','root','123') or die('不能连接到 MySQL 数据库：'.mysql_error());
echo '已经成功连接 MySQL 数据库<br />';
mysql_select_db('test') or die('不能选择数据库');
echo '连接 test 数据库已经成功';
?>
```

接下来运行 connect.php 程序，在浏览器地址栏输入 http://localhost/connect.php，显示如图 10-3 所示界面，表示 PHP 和 MYSQL 数据库连接成功。

图 10-3 connect.php 页面

10.2 实验二 PHP 的语法结构

10.2.1 实验目的

熟练掌握 PHP 的基本语法。

10.2.2 实验内容

1. 大小写的区分

在 PHP 中，变量是区分大小写的，内置结构（while，for，if 等）及关键字（echo，class 等）不区分大小写，但是一般习惯全部用小写来表示。下面给出具体实例。

实例【test10-1】 变量严格区分大小写。

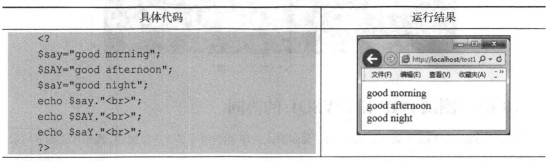

代码解读：上述代码中变量$say,$SAY,$saY 是三个不同的变量，所以输出对应的值，由本例可以总结出变量是区分大小写的。

实例【test10-2】 内置结构及关键字不区分大小写。

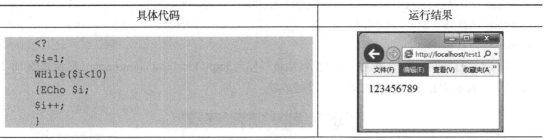

代码解读：上述代码中 While 和 Echo 不管是大写，还是小写，都不会影响输出结果，由本例可以总结出内置结构及关键字是不区分大小写的。

2. 语句和分号

实例【test10-3】 分号是否可以省略不写。

具体代码	运行结果

``
<?php
$a=10;
$b=10;
if($a==$b)
{
echo "注意:
";
echo "\$a 的值等于\$b 的值
";
}
else
echo "不相等"
?>
``

代码解读：上述代码中{}中如果语句只有一条，则可以省略花括号，如果有多条语句，则不能省略。如果是代码中的最后一条语句，则分号可以省略不写。

3. 注释

实例【test10-4】 单行注释的用法。

具体代码	运行结果

``
<?
echo "php 循环语句";
//这是 echo 函数
$sum=0;
for($i=2;$i<=10;$i+=2)
$sum+=$i;
echo $sum;
?>
``

代码解读：上述代码中//是单行注释，如果把代码注释掉后，注释掉的语句就再不起任何作用，在浏览器中不会输出。

实例【test10-5】 多行注释的用法。

具体代码	运行结果

``
<?
echo "php 循环语句";
$sum=0;
/*
for($i=2;$i<=10;$i+=2)
$sum+=$i;
*/
echo $sum;
?>
``
	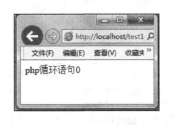

代码解读：上述代码中，/**/是多行注释，一般经常用注释的方式进行 bug 的调试。

4. 常量标识符

实例【test10-6】 使用 define()设置常量标识符。

具体代码	运行结果

``
<?php
define("NAME","lixiangyi");
define("NAME","zhangsan");
echo NAME;
?>
``
	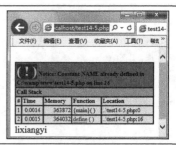

代码解读：上述代码中常量定义用 define 函数，常量前面不加$符号，常量一旦定义以后不能再重新定义。在本例中因为重复定义同一个变量，所以会出现提示错误。

10.3 实验三　PHP 的数据类型

10.3.1 实验目的

熟练掌握 PHP 的基本数据类型，字符串型、布尔型、数组型、对象型、资源型，并掌握如何来检测数据类型。

10.3.2 实验内容

1. 字符串型

实例【test10-7】　变量在单引号和双引号中的不同输出。

具体代码	运行结果
``` <?php $name="php 程序设计"; echo "$name 大家喜欢吗"; echo '$name'; ?> ```	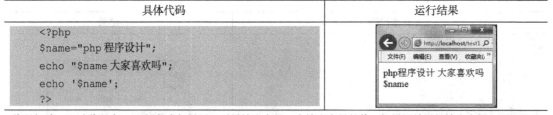

代码解读：上述代码中 echo 语句中如果用双引号输出变量，会输出变量的值，如果用单引号输出变量，则会被认为是一个字符串原样输出。还有一点要注意：在双引号输出的时候双引号和字符串之间要有空格，否则会出错。

实例【test10-8】　输出单引号和双引号。

具体代码	运行结果
``` <?php echo 'She said,"How are you?"'; print "I'm just ducky."; ?> ```	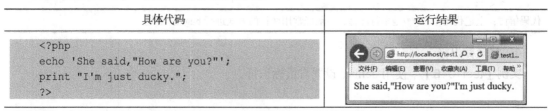

代码解读：在打印双引号的时候使用单引号，在打印单引号的时候使用双引号。

实例【test10-9】 转义字符的使用。

具体代码	运行结果
| ```php
<?php
echo "\"你好\"";
echo "<br>";
echo "\\你好";
echo "<br>";
echo "\$a";
echo "<br>";
echo '\$a';
?>
``` | "你好"<br>\你好<br>$a<br>\$a |

代码解读：使用转义字符的时候，单引号只识别\和'这两个转义字符，而双引号不仅识别这两种转义字符，还识别换行符、双引号、回车符、制表符、美元符号等转义字符。

2. 布尔型

实例【test10-10】 布尔值的输出。

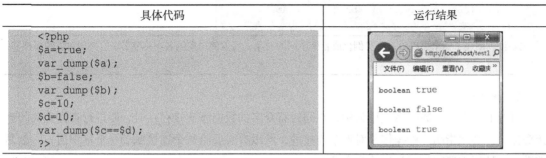

代码解读：var_dump()函数不仅可以输出变量的值，还可以输出变量的类型，==是比较运算符，返回的是逻辑真 true 或者逻辑假 false。

3. 数组型

实例【test10-11】 数组的创建和遍历。

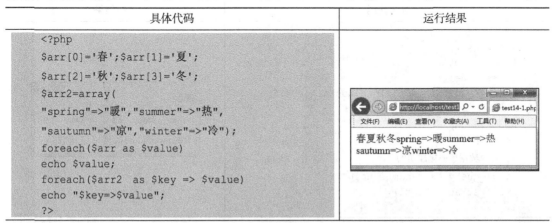

代码解读：定义数组可以对每个元素分别赋值，也可以直接用 array()函数定义，遍历数组用 foreach 循环比较方便，对于索引数组可以用 for 循环，也可以用 foreach 循环，但是对于关联数组，只能用 foreach 循环来遍历。

4. 对象型

实例【test10-12】 类和对象的简单创建。
```

具体代码	运行结果
| ```php
<?php
Class Person{
var $name='';
function name($newname)
{
if(!is_null($newname))
$this->name=$newname;
return $this->name;
}
}
$ed=new Person();
$ed->name('Edison');
printf("Hello,%s<br>",$ed->name);
$tc=new Person;
$tc->name('Crapper');
printf("Lookout below,%s<br>",$tc->name);
?>
``` |  Hello,Edison<br>Look out below,Crapper |

代码解读：创建了一个类以后，要实例化成各个不同的对象，可以使用实例名->关键字来引用该对象的属性和方法。

5. 资源型

资源的概念：以数据库应用为例，在同时有众多的数据库连接存在时，要进行查询和关闭连接等操作，必须指明这些操作是对哪个连接的，所以有必要给每个连接赋予一个标识值，一般是整数。这种标识值的数据类型称为资源型。

资源的回收：程序结束时资源自动关闭，资源值被回收；作为局部变量的资源，当函数调用结束时，该变量的值自动被 PHP 收回。

实例【test10-13】 资源类型的创建。

具体代码	运行结果
| ```php
<?php
$db='yey';
$user='root';
$password='';
$conn=mysql_connect('localhost',$user,$password)or die('失败');
echo $conn;
if($conn)
echo "数据库链接成功";
mysql_query("set names utf8");
mysql_select_db($db);
?>
``` | Resource id #3数据库链接成功 |

代码解读：$conn 为资源型变量。

6. 数据类型的检测

实例【test10-14】 数据类型的检测。

具体代码	运行结果
| ```php
<?php
$x=2.5;
if(is_int($x)) echo '$x是整型变量';
if(is_float($x)) echo '$x是浮点型变量';
if(is_string($x)) echo '$x是字串型变量';
if(is_bool($x)) echo '$x是布尔型变量';
if(is_array($x)) echo '$x是数组型变量';
if(is_object($x)) echo '$x是对象型变量';
if(is_resource($x)) echo '$x是资源型变量';
if(is_null($x)) echo '$x是NULL型变量';
?>
``` | $x是浮点型变量 |

代码解读：可以用相应的检测函数来检测变量是什么类型。

10.4 实验四 变量

10.4.1 实验目的

熟练掌握 PHP 中变量的用法，变量的声明、变量的变量以及变量的作用域中全局变量、局部变量、静态变量的用法等。

10.4.2 实验内容

1. 变量声明

实例【test10-15】 PHP 变量无类型检查，无需声明，类型随用随变。

具体代码	运行结果
| ```php
<?php
$a="Fred";
echo "\$a 的值=$a<br>";
if(is_string($a)) echo "\$a 是字符串型变量<hr>";
$a=35;
echo "\$a 的值=$a<br>";
if(is_int($a)) echo "\$a 是整型变量<hr>";
$a=array('ASP','JSP','PHP');
echo "\$a 的值为: <br>";
foreach($a as $e)
echo "$e<br>";
if(is_array($a)) echo "\$a 是数组型变量";
?>
``` | $a的值=Fred<br>$a是字符串型变量<hr>$a的值=35<br>$a是整型变量<hr>$a的值为:<br>ASP<br>JSP<br>PHP<br>$a是数组型变量 |

代码解读：PHP 中变量是直接使用的，无需声明，所以根据值的不同类型来判断变量的类型。

2. 变量的变量

实例【test10-16】 变量的变量。

具体代码	运行结果
``` <?php $r='lili'; $$r='zhang'; $$$r=40; echo $lili; echo $zhang; ?> ```	zhang40

代码解读：PHP 中变量的变量也叫作可变变量，一个普通变量的名又可以作为另一个变量的值。

3. 变量的作用域

实例【test10-17】 不能从函数外部直接访问局部变量。

具体代码	运行结果

``
<?php
error_reporting(E_ERROR);
function update_a(){
$a++; }
$a=15;
update_a();
echo $a;
?>
``
	15

代码解读：上面的函数更新了一个局部变量，而不是全局变量，执行完函数体结束时，$a 的值被 PHP 抛弃，该变量所占内存资源被收回，所以最后输出的还是全局变量的值。

实例【test10-18】 从局部访问全局变量，方法 1：使用 global 关键字声明。

具体代码	运行结果

``
<?
function update_a(){
global $a;
$a++;
}
$a=10;
update_a();
echo $a;
?>
``
	16

代码解读：上面的函数使用 global 关键字声明全局变量，用 global 来声明全局变量，上面的函数更新了一个全局变量，执行函数体结束后，全局变量的值被修改。

实例【test10-19】 从局部访问全局变量，方法 2：引用全局变量数组$GLOBALS。

具体代码	运行结果

``
<?
function update_a(){
$GLOBALS['a']++; }
$a=15;
update_a();
``
	16

续表

具体代码	运行结果
`echo $a;` `?>`	

代码解读：上面的函数引用全局变量数组$GLOBALS中键名为a的元素，上面的函数更新了一个全局变量，执行函数体结束后，全局变量的值被修改。

实例【test10-20】 静态变量。

具体代码	运行结果
`<?php` `function update_a(){` `static $a=0;` `$a++;` `echo "局部静态变量\$a 这时的值=$a ";` `}` `$a=10;` `update_a();` `update_a();` `echo "全局变量\$a 这时的值=$a";` `?>`	16

代码解读：使用静态变量的方法，使全局可间接访问到，而局部静态变量的值不影响全局变量的值。

实例【test10-21】 全局变量不可以访问局部变量。

具体代码	运行结果
`<?php` `function read_name($name){` `echo "Hello,$name ";` `}` `read_name("lixiangyi");` `if($name==null)` `echo '$name 是一个空变量，访问不到!';` `?>`	Hello,lixiangyi $name是一个空变量，访问不到!

代码解读：函数参数作为一种局部变量，是不能直接被外部访问的。

10.5 实验五 表达式和操作符

10.5.1 实验目的

熟练掌握PHP中隐式类型转换、字符串连接操作符、自增和自减操作符、类型转换操作符、三元运算符的实际用法。

10.5.2 实验内容

1. 隐式类型的转换

实例【test10-22】 数字间进行字符串拼接的规则：数字首先变为字符串，然后再拼接。

具体代码	运行结果
``` <?php $a=100; $b=300; $c=$a.$b; echo "\$c=$c"; ? ```	$c=100300

代码解读：如果两个变量都是数字型的，进行变量的连接时，则数字首先变成字符串，然后进行连接。

实例【test10-23】 字符串转换成数值型。

具体代码	运行结果

``
<?
$a="9abc"-1;
$b="3.14abcd"*2;
$c="9.abcd"-1;
$d="9e2adf456t"+1;
$e="abc9"-2;
var_dump($a);
var_dump($b);
var_dump($c);
var_dump($d);
var_dump($e);
?>
``
	int 8
	float 6.28
	float 8
	float 901
	int -2

代码解读：字符串中以数字开始的，则该数字就是转换后的数字值。若没有找到数字，则转换后的数字值为 0；若开头的数字包含一个句点或者大写或小写 E，则转换后的数字值为浮点型。

2. 字符串连接操作符

实例【test10-24】 数字和字符串的连接。

具体代码	运行结果
``` <? $n=205; $s="There are ".$n." cocks"; echo "\$s=$s"; ?> ```	$s=There are 205 cocks

代码解读：数字与字符串连接时，先自动变成字符串。

3. 自增和自减操作符（与 P201 一致）

实例【test10-25】 数字和字母的自增自减。

具体代码	运行结果
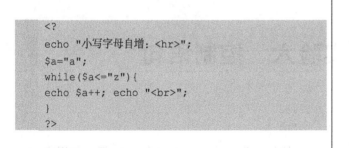	

代码解读：如果去掉 while 语句里边的等号，则输出的结果会完全不一样，只会输出从 a-y25 个字母。如果加上等号的话，则输出 a-z。

4. 类型转换操作符

实例【test10-26】 类型转换的临时性。

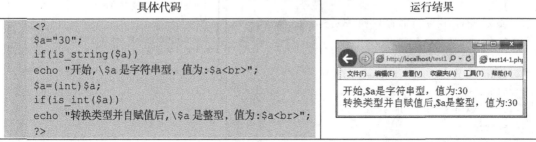

代码解读：转换类型只是临时改变了类型，并不影响自身的数据类型。

实例【test10-27】 类型转换的真正实现。

具体代码	运行结果
``<?
$a="30";
if(is_string($a))
echo "开始,\$a 是字符串型，值为:$a ";
$a=(int)$a;
if(is_int($a))
echo "转换类型并自赋值后,\$a 是整型，值为:$a ";
?>```	开始,$a是字符串型，值为:30 转换类型并自赋值后,$a是整型，值为:30

代码解读：转换类型后，并把转换后的值再重新赋值给本身转换类型的变量，可以达到真正的转型。

5. 三元运算符

实例【test10-28】 三元运算符。

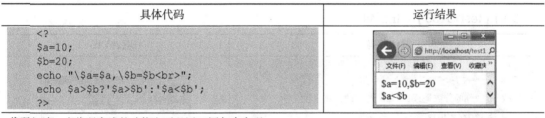

代码解读：本代码完成的功能也可以用 if 语句来实现。

10.6 实验六 控制语句

10.6.1 实验目的

熟练掌握 PHP 中条件语句 if 语句、switch 语句、循环语句 while 语句、for 语句的用法。

10.6.2 实验内容

1. if 语句

实例【test10-29】 if…else 结构的用法。

具体代码	运行结果

``
<?
echo "常见使用方式：C语言的方式:
";
$user_validated=true;
if($user_validated){
echo "欢迎你!<hr>";$greed=1;
}
else {
echo "对不起，禁止访问!<hr>";exit;
}
echo "还可使用PHP提供的另一种方式:if-endif结构
";
$user_validated="";
if($user_validated):
echo "欢迎你!<hr>";$greed=1;
else:
echo "对不起，禁止访问!<hr>";
exit;
endif;
?>
``
	常见使用方式：C语言的方式:
	欢迎你!
	
	还可使用PHP提供的另一种方式:if-endif结构
	对不起，禁止访问!

代码解读：不仅可以使用 C 语言方式的 if…elseif 结构，还可以使用 PHP 提供的另一种方式 if…endif 结构来完成同样的功能。需要注意的是 else 和 if 后边是冒号，不是分号，endif 后边是分号，不是冒号。

实例【test10-30】 if 语句结构一。

具体代码	运行结果

``
<?
$score=70;
echo "你的分数是:$score 属于:";
if($score>90)
print("优秀");
else
``
	你的分数是:70 属于:及格

续表

具体代码	运行结果
| ```
if($score>80&&$score<=90)
    print("良好");
else
if($score>70&&$score<=80)
    print("中等");
else
if($score>=60&&$score<=70)
    print("及格");
else
if($score<60)
    print("不及格");
?>
``` | |

代码解读：注意此种写法 else 和 if 之间有空格，没有连接在一起。

实例【test10-31】 if语句结构二。

具体代码	运行结果
| ```
<?
echo "本程序阅读性比 test10-30 可读性好,以下是运行结果<br>";
$fenshu=70;
echo "你的分数是:$fenshu 属于:";
if($fenshu>90)
    print("优秀");
elseif($fenshu>80&&$fenshu<=90)
    print("良好");
elseif($fenshu>70&&$fenshu<=80)
    print("中等");
elseif($fenshu>60&&$fenshu<=70)
    print("及格");
elseif($fenshu<60)
    print("不及格");
?>
``` | 本程序阅读性比test14-32可读性好,以下是运行结果<br>你的分数是:70 属于:及格 |

代码解读：注意此种写法 else 和 if 是连接在一起的，中间没有空格，prinf 可以改成 echo。

2. switch 语句

实例【test10-32】 switch 语句改写 if 语句完成实例【test10-31】的功能。

具体代码	运行结果
| ```
<?
$score=70;
$s=(int)($score/10);
echo "你的分数是:$score,属于:";
switch($s){
case 9:   print("优秀");break;
case 8:   print("良好");break;
``` | 你的分数是:70,属于:中等 |

173
```

具体代码	运行结果
| ```
case 7:   print("中等");break;
case 6:   print("及格");break;
default:  print("不及格");break;
}
?>
``` | |

代码解读：注意 break 的用法，以及 case 语句后边的冒号不能省略。

3. while 语句

实例【test10-33】 用 while 语句循环输出 100 之内偶数的和。

具体代码	运行结果
| ```
<?
$sum=0;
$i=2;
while($i<=100){
$sum+=$i;
$i=$i+2;
}
echo "2+4+6+*+……100=$sum";
?>
``` | 2+4+6+8+……100=2550 |

代码解读：注意 while 循环中结束循环的语句。

4. for 语句

实例【test10-34】 用 for 语句求 2+4+6+8+10 的和，并打印输出每一步的结果。

具体代码	运行结果
| ```
<?
$sum=0;
for($i=2,$j=1;$i<=10;$i+=2,$j++){
echo '第'.$j.'步: $sum='.$sum.'+'.$i;
$sum+=$i;
echo "=$sum<br>";
}
echo "使用 for 结构,计算结果是:<br> \$sum=2+4+6+8+10=$sum";
?>
``` | 第1步: $sum=0+2=2<br>第2步: $sum=2+4=6<br>第3步: $sum=6+6=12<br>第4步: $sum=12+8=20<br>第5步: $sum=20+10=30<br>使用for结构,计算结果是:<br>$sum=2+4+6+8+10=30 |

代码解读：该代码的功能是求 10 之内的偶数和，并显示输出每一步循环的结果。

10.7　实验七　验证码的制作

10.7.1　实验目的

掌握图片验证码的制作方法。
```

10.7.2 实验内容

1. 创建画布

$im = imagecreate; // 画一张指定宽高的图片

首先，使用 imagecreate() 创建一个基于调色板（8 位）的空白图像。

接着，使用 imagecolorallocate 定义 PHP 绘图使用的颜色。

```
$back = ImageColorAllocate($im, 245,245,245); // 定义背景颜色
imagefill($im,0,0,$back); //把背景颜色填充到刚刚画出来的图片中
```

2. 生成随机数

产生四位随机数，先用 rand()函数产生 1 到 9 之间的数字，再用 for 循环连接每次产生的随机数。

```
for($i=1;$i<=4;$i++)
{
$authnum=rand(1,9);
$vcodes.=$authnum;//注意这里的圆点不能省略，代表连接符
}
```

3. 随机数写入画布中

```
imagestring($im, 5, 2+$i*10, 1, $authnum, $font);
```

imagestring 函数说明如下：

```
int imagestring ( resource image, int font, int x, int y, string s, int col);
```

imagestring() 用 col 颜色将字符串 s 画到 image 所代表的图像的 x，y 坐标处（图像的左上角为 0, 0）。如果 font 是 1，2，3，4 或 5，则使用内置字体。

4. 在画布中加入干扰元素

```
for($i=0;$i<100;$i++)  //加入干扰像素
{
$randcolor = ImageColorallocate($im,rand(0,255),rand(0,255),rand(0,255));
 imagesetpixel($im, rand()%70 , rand()%30 , $randcolor); // 画像素点函数
}
```

5. 输出验证码图片

```
ImagePNG($im);
```

imagegif()、imagejpeg()、imagepng()和 imagewbmp()函数分别允许以 GIF、JPEG、PNG 和 WBMP 格式将图像输出到浏览器或文件。PHP 允许将图像以不同格式输出。

imagegif()：以 GIF 格式将图像输出到浏览器或文件。

imagejpeg()：以 JPEG 格式将图像输出到浏览器或文件。

imagepng()：以 PNG 格式将图像输出到浏览器或文件。

imagewbmp()：以 WBMP 格式将图像输出到浏览器或文件。

下面给出验证码图片制作的具体实例。

实例【test10-35】 图片验证码的制作。

具体代码	运行结果
| ```php
<?php
$im = imagecreate(44,18);
$back = ImageColorAllocate($im, 245,245,245);
imagefill ($im,0,0,$back);
$vcodes = "";
for($i=0;$i<4;$i++){
$font = ImageColorAllocate($im,
rand(100,255),rand(0,100), rand(100,255));
$authnum=rand(1,9);
$vcodes.=$authnum;
imagestring($im, 5, 2+$i*10, 1, $authnum, $font);
 }
for($i=0;$i<100;$i++)    {
$randcolor =
ImageColorallocate($im,rand(0,255),rand(0,255),rand(0,255));
imagesetpixel($im, rand()%70 , rand()%30 , $randcolor);
    }
ImagePNG($im);
?>
``` | 2845 |

10.8 实验八 函数和类

10.8.1 实验目的

掌握 PHP 中函数的定义和类的定义。

10.8.2 实验内容

1. 函数的定义和使用

实例【test10-36】 设计一个 PHP 网页。其中定义一个 PHP 函数，用于比较前两个输入参数的大小。若第三个输入参数的值是 max，则将最大的数值返回；若第三个参数的数值是 min，将最小的数值返回；若前两个输入参数一样大，则返回二者其中之一，并用同一个 PHP 网页输入两个数值，调用上述的函数返回结果。

具体代码
| ```html
<!doctype html>
<html lang="en">
<head>
<meta charset="UTF-8">
<title>函数的定义与使用</title>
</head>
<body>
``` |

续表

具体代码
| ```php
<?php
function bijiao($i,$j,$p)
{
if($i>=$j){
$max=$i;
$min=$j;
}
else{
$max=$j;
$min=$i;
}
if($p=="max")
return $max;
if($p=="min")
return $min;
}
?>
<h1>PHP 函数练习</h1>
<form action="" method="post">
<table width="80%" border=0>
<tr>
<td width="20%">
请输入变量$a 的值
</td>
<td width="80%"><input type="text" name="a"></td>
</tr>
<tr>
<td>请输入变量$b 的值</td>
<td width="80%"><input type="text" name="b"></td>
</tr>
<tr>
<td>
指定返回数值是：</td>
<td>
<select name="pd">
<option value="max" >最大值</option>
<option value="min" selected>最小值</option>
</select>
</td>
</tr>
<tr>
<td> </td>
<td><input type="submit" name="B" value="确定"></td>
</tr>
<tr>
<td>结果是</td>
<td>
<?php
``` |
```

具体代码
| ```
if(isset($_POST['B']))
{
$a=$_POST['a'];
$a=(int)$a;
$b=$_POST['b'];
$b=(int)$b;
$pd=$_POST['pd'];
echo "两者中最",$pd."的是". bijiao($a,$b,$pd);
}
?>
</td>
</tr>
</table>
</form>
</body>
</html>
``` |
| 运行结果 |
|  |

2. 类的定义和使用

实例【test10-37】 在一个 PHP 网页中，设计一个学生管理类，有学号、姓名、专业等属性，用来存储学生的信息。用 PHP 代码创建学生管理类的实例，并用输入文本框给实例的属性赋值，并显示实例的属性数值。

具体代码
| ```
<!doctype html>
<html lang="en">
<head>
<meta charset="UTF-8">
<title>类的定义和使用</title>
</head>
<body>
<?php
class student{
private $sid;
private $sname;
private $spel;
function show($xh,$xm,$zy)
{
``` |

续表

具体代码
| ```php
$this->sid=$xh;
$this->sname=$xm;
$this->spel=$zy;
echo "学号".$this->sid."<br>";
echo "姓名".$this->sname."<br>";
echo "专业".$this->spel."<br>";
}
}
?>
<h1>PHP 类的设计练习</h1>
<form action="" method="post">
<table width="80%" border=0>
<tr>
<td width="20%">
请输入学号
</td>
<td width="80%"><input type="text" name="sid"></td>
</tr>
<tr>
<td>请输入姓名</td>
<td width="80%"><input type="text" name="sname"></td>
</tr>
<tr>
<td>
指定专业：</td>
<td>
<select name="spel">
<option value="计算机网络">计算机网络</option>
<option value="计算机应用">计算机应用</option>
<option value="电子商务">电子商务</option>
</select>
</td>
</tr>
<tr>
<td> </td>
<td><input type="submit" name="B" value="确定"></td>
</tr>
<tr>
<td>实例是</td>
<td>
<?php
if(isset($_POST['B']))
{
 $sid=$_POST['sid'];
 $sname=$_POST['sname'];
 $spel=$_POST['spel'];
 $stu=new student();
 $stu->show($sid,$sname,$spel);
}
?>
</td>
``` |
```

续表

具体代码
| ```
</tr>
</table>
</form>
</body>
</html>
``` |

运行结果

10.9　实验九　新闻发布系统的开发

10.9.1　实验目的

本实验是 PHP 课程的实践性教学环节，目的在于培养学生使用 PHP 语言进行开发小型网站的能力，通过实训加深学生对理论知识的理解，培养其灵活运用能力和综合问题处理能力。

10.9.2　实验内容

1. 静态页面的创建

实例【test10-38】　新闻首页 index.php 的制作。

具体代码
| ```
<!doctype html>
<html lang="en">
<head>
<meta charset="UTF-8">
<title>新闻首页</title>
</head>
``` |

具体代码
| ```html
<body>
<div id="container">
<div id="header">
</div>
<!--header 结束-->
<div id="menu">
 <ul>
<li><a href="#">琼台新闻</a></li>
<li><a href="#">招生信息</a></li>
<li><a href="#">教务在线</a></li>
<li><a href="#">就业指南</a></li>
<li><a href="#">校园生活</a></li>
<li><a href="#">媒体琼台</a></li>
</ul>
</div>
<!--menu 结束-->
<div id="left">
<div id="notice">
<div class="lefttop">
<span class="zuo">招生信息</span>
<span class="you"><a href="#">更多>></a></span>
</div>
<div class="lista">
<ul>
<li><a href="#">2014年海南省高等职业学校职业技能竞赛…</a></li>
</ul>
</div>
</div>
 <!--notice 通知公告结束-->
<div id="work">
<div class="lefttop">
<span class="zuo">就业指南</span>
<span class="you"><a href="#">更多>></a></span>
</div>
<div class="lista">
<ul>
<li><a href="#">关爱下一代，我们在行动 ——我系开展…</a></li>
</ul>
</div>
</div>
 <!--left 结束-->
<div id="center">
<div id="news">
``` |
```

续表

具体代码
| ```html
    <div class="centertop">
    <span class="centerzuo">琼台新闻</span>
    <span class="centeryou"><a href="#">更多<a/></span>
    </div>
    <div class="listb">
    <ul>
    <li><a href="#">谢彦波主任一行到三亚看望实习生</a><span class="centeryou">2014-10-27</span></li>
    </ul>
    </div>
    </div>
    </div>
    <!--center 结束-->
    <div id="right">
    <div id="download">
    <div class="lefttop">
    <span class="zuo">下载</span>
    <span class="you"><A>更多</a></span>
    </div>
    <div class="lista">
    <ul>
    <li><img src="image/3.jpg" class="pic"></li>
    </ul>
    </div>
    </div>
    <div id="friendlink">
    <div class="lefttop">
    <span class="zuo">友情链接</span>
    <span class="you"><A>更多</a></span>
    </div>
    <div class="lista">
    <select class="lianjie">
    <option>---------------------友情链接---------------------</option>
    </select>
    </div>
    </div>
    </div>
    <!--右边结束 -->
    <div id="footer">
    <p>
    </p>
    </div>
    </div>
    <!--container 结束 -->
``` |
```

续表

运行结果

实例【test10-39】 新闻列表页 news_list.php 的制作。

具体代码

```
<!doctype html>
<html lang="en">
<head>
<link href="css/index.css" rel="stylesheet" type="text/css">
<title>新闻列表页</title>
</head>
<body>
<div id="container">
<div id="header">
</div>
<div id="menu">
<ul>
<li><a href="#">琼台新闻</a></li>
<li><a href="#">招生信息</a></li>
<li><a href="#">教务在线</a></li>
<li><a href="#">就业指南</a></li>
```

续表

具体代码
| ```html
<li><a href="#">校园生活</a></li>
<li><a href="#">媒体琼台</a></li>
</ul>
</div>
 <!--menu 结束-->
<div id="main">
<div class="maintop">
<span class="centerzuo">琼台新闻</span>
<span class="centeryou"><a href="#">更多>></a></span>
</div>
<div class="listf">
<ul>
<li><a>新闻标题</a></li>
</ul>
</div>
</div>
<!--main 结束-->
<div id="footer">
<p>
</p>
</div>
</div>
``` |
| 运行结果 |
|  |

实例【test10-40】 新闻内容页 news_content.php 的制作。

具体代码
| ```html
<!doctype html>
<html lang="en">
<head>
``` |

续表

具体代码
| ```html
<meta charset="UTF-8">
<link href="css/index.css" rel="stylesheet" type="text/css">
<title>新闻内容</title>
 </head>
 <body>
<div id="container">
<div id="header">
</div>
<div id="menu">
<ul>
<li><a href="#">琼台新闻</a></li>
</ul>
</div>
<!--menu 结束-->
<div id="xiangxi">
<div class="nr">
<h2>新闻标题</h2>
<hr/>
<p>
一、招聘人数
</p>
</div>
<hr/>
<h1>发布者：李湘------2014-12-4</h1>
</div>
<!--main 结束-->
<div id="footer">
<p>
</p>
</div>
</div>
``` |
| 运行结果 |

185
```

实例【test10-41】 后台主页 admin_index.php 的制作。

具体代码

```html
<!doctype html>
<html lang="en">
<head>
<meta charset="UTF-8">
<title>后台主页面</title>
<link rel="stylesheet" href="../css/xinwen.css" type="text/css">
<script src="../js/zk.js"></script>
</head>
<body>
<div id="container">
<div id="header">
</div>
<div id="left">
<div class="left1">
<div class="lefttop">
<span onclick=showsubmenu(1)>≡基本操作≡</span>
</div>
<div class="lista" id=submenu1>
<ul>
<li><a href="admin_index.php?lb=系统配置">系统配置</a></li>
<li><a href="admin_index.php?lb=退出后台">退出后台</a></li>
</ul>
</div>
</div>
<!--left1 结束-->
<div class="left2">
<div class="lefttop">
<span onclick=showsubmenu(2)>≡新闻管理≡</span>
</div>
<div class="lista" id=submenu2>
<ul>
<li><a><a href="admin_index.php?lb=新闻分类">新闻分类</a></li>
<li><a><a href="admin_index.php?lb=新闻列表">新闻列表</a></li>
<li><a><a href="admin_index.php?lb=添加新闻">添加新闻</a></li>
</ul>
</div>
</div>
<!--left2 结束-->
<div class="left3">
<div class="lefttop">
≡版本信息≡
</div>
<div class="lista">
<ul>
<li><a>CopyRight© 李湘一</a></li>
```

续表

具体代码
| ```
  </ul>
 </div>
</div>
<!--left3 结束-->
</div>
<!--left 结束-->
<div id="right">
<!--此处添加 php 代码-->
</div>
<!--right 结束-->
</div>
</body>
</html>
``` |

运行结果
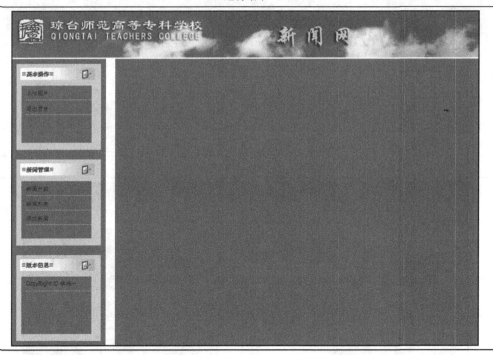

实例【test10-42】 后台新闻分类页 admin_news_class.php 的制作。

具体代码
| ```
<!doctype html>
<html lang="en">
<head>
<meta charset="UTF-8">
<meta name="Generator" content="EditPlus®">
<link rel="stylesheet" href="../css/xinwen.css" type="text/css">
<title>添加分类页面</title>
</head>
``` |

续表

具体代码
| ```html
<body>
<div class="form1">
<span class="biaoti">添加分类</span>
<form method="post" action="">
<input type="text" name="fenlei" class="nr">
<input type="submit" name="b1" value="添加" class="an">
</form>
</div>
<div class="form1">
<span class="biaoti">新闻分类</span>
<form method="post" action="">
<input type="text" name="a" class="nr" value="琼台新闻">
<input type="submit" name="c1" value="更新" class="an">
<input type="submit" name="d1" value="删除" class="an">
</form>
<form method="post" action="">
<input type="text" name="a" class="nr" value="招生信息">
<input type="submit" name="c1" value="更新" class="an">
<input type="submit" name="d1" value="删除" class="an">
</form>
</div>
</body>
</html>
``` |
| 运行结果 |
| 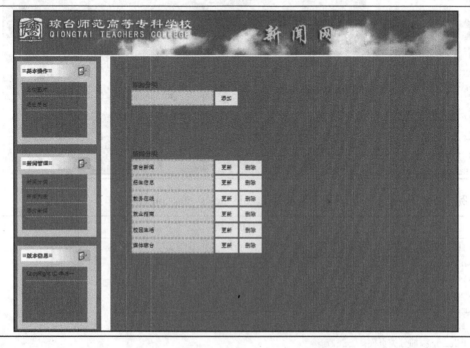 |

实例【test10-43】 后台新闻列表页 admin_news_list.php 的制作。
```

具体代码

```html
<!doctype html>
<html lang="en">
<head>
<meta charset="UTF-8">
<link rel="stylesheet" href="../css/xinwen.css" type="text/css">
<title>新闻列表</title>
</head>
<body>
<div class="liebiao">
<table>
<caption>新闻列表</caption>
<tr><th>新闻分类</th><th>标题</th><th>作者</th><th>日期</th><th>操作</th></tr>
<tr>
<td>**</td>   <td>**</td><td>**</td> <td>**</td>   <td>**</td>
</tr>
</table>
</div>
</body>
</html>
```

运行结果

实例【test10-44】 后台发表新闻页 admin_news_add.php 的制作。

具体代码

```html
<!doctype html>
<html lang="en">
<head>
<meta charset="UTF-8">
<meta name="Generator" content="EditPlus®">
<link rel="stylesheet" href="../css/xinwen.css" type="text/css">
<script charset="utf-8" src="../kindeditor/kindeditor.js"></script>
<script charset="utf-8" src="../kindeditor/lang/zh_CN.js"></script>
<title>发表新闻</title>
<script>
var editor;
KindEditor.ready(function(K) {
editor = K.create('#editor_id');
 });
</script>
</head>
<body>
<div class="form1">
<table>
<form method="post" action="">
<caption>添加新闻</caption>
<tbody>
<tr>
<td>新闻标题</td>
<td><input type="text" name="title" class="xinwen"></td>
</tr>
<tr>
<td>新闻作者</td>
<td><input type="text" name="author" class="xinwen"></td>
</tr>
<tr>
<td colspan="2">新闻内容</td>
</tr>
<tr>
<td colspan="2">
<textarea id="editor_id" name="content" style="width:300px;height:200px;">
</textarea>
</td>
</tr>
<tr>
<td colspan="2">
<input type="submit" value="添加" class="an" name="b1">
</td>
</tr>
</form>
</div>
</body>
</html>
```

	续表
运行结果	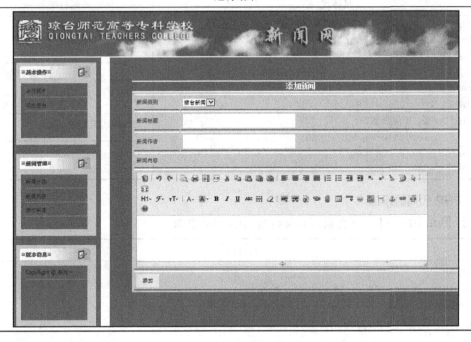

2. 静态页面的创建

本系统采用的是 MySQL 数据库，建立一个名称为 news 的数据库，包含的表有 newsclass 新闻分类表和 newslist 新闻列表。其中新闻分类表 newsclass 如表 10-2 所示。

表 10-2　　　　　　　　　　　newsclass 表结构

列名	数据类型	说明
id	int	id 主键
fenlei	varchar(40)	新闻分类

新闻列表 newslist 如表 10-3 所示。

表 10-3　　　　　　　　　　　newslist 表结构

列名	数据类型	说明
id	int	id 主键
title	varchar(200)	新闻标题
author	varchar(20)	新闻作者
content	text	新闻内容
shijian	datetime	发布时间
fid	int	父类 id

建立数据库后，数据库和 PHP 页面进行连接。连接代码如下。

实例【test10-45】 新闻发布系统和数据库进行连接。

具体代码	运行结果
| ```php
<?php
$mydbhost= "localhost";
$mydbuser= "root";
$mydbpw= "";
$mydbname= "news";
mysql_connect("localhost","root","")or
die("链接数据库失败");
mysql_query("set names utf8");
mysql_select_db("news")
?>
``` | 和数据库链接成功 |

3. PHP 代码的添加

实例【test10-46】 前台页面 index.php 中代码的添加。

具体代码
| ```php
<?php
include "conn.php";//包含数据库链接文件
$sql="select * from newsclass";//查询数据表 newsclass
$result=mysql_query($sql);//执行 sql 语句返回一个结果集
?>
<?php
//截取 utf8 字符串
function utf8Substr($str, $from, $len)
{
return preg_replace('#^(?:[\x00-\x7F]|[\xC0-\xFF][\x80-\xBF]+){0,'.$from.'}'.
'((?:[\x00-\x7F]|[\xC0-\xFF][\x80-\xBF]+){0,'.$len.'}).*#s','$1',$str);
}
?>
<?php
while($row=mysql_fetch_array($result))
{//循环读取每一条记录
?>
<li><a href="news_list.php?fid=<?=$row['id']?>"><?=$row['fenlei']?></a></li>
<?php }?>
<?php
$sql1="select * from newslist where fid=2 limit 0,7";//查询数据表 newslist 表中的前 7 条记录
$result1=mysql_query($sql1);//执行 sql 语句返回结果集
?>
<?php
while($row1=mysql_fetch_array($result1))
{?>
<li><a href="news_content.php?id=<?=$row1['id']?>">
<?php
echo  utf8Substr($row1["title"],0,18);
?>……
</a></li>
<?php }?>
``` |

实例【test10-47】 前台页面 news_list.php 中代码的添加。

具体代码

```php
<?php
$fid=$_GET['fid'];//获取 index.php 超链接传递的参数 fid
$sql="select  * from newslist where fid=$fid";//查询对应分类下的记录
$result=mysql_query($sql);//执行 sql 语句
?>
<ul>
<?php
while($row=mysql_fetch_array($result)){
?>
<li><a href="news_content.php?id=<?=$row['id']?>"><?=$row['title']?></a></li>
<?php }?>
</ul>
```

实例【test10-48】 前台页面 news_content.php 中代码的添加。

具体代码

```php
<?php
$id=$_GET['id']; //获取 news_list.php 超链接传递的参数 fid
$sql="select  * from newslist where id=$id";//查询 id 下的新闻
$result=mysql_query($sql);//执行 sql 语句返回结果
$row=mysql_fetch_array($result);//返回记录集
?>
<div id="xiangxi">
<div class="nr">
<h2><?=$row['title']?></h2>//返回新闻标题
<hr/>
<?=$row['content']?>  //返回新闻内容
</div>
<hr/> <h1>发布者:<?=$row['author']?>----<?=$row['shijian']?></h1>
//返回标题作者和标题发布时间
```

实例【test10-49】 后台页面 admin_index.php 中代码的添加。

具体代码

```php
<?php
error_reporting(E_ERROR);//去掉警告型错误
ini_set("display_errors","Off");
switch($_GET['lb']){//获取本页面超链接中 lb 参数的值
case "退出后台"://如果值为退出后台
include("admin_loginout.php");//则包含 admin_loginout.php 页面
break;
case "新闻分类"://如果值为新闻分类
include("admin_news_class.php");//则包含 admin_news_class.php 页面
break;
case "新闻列表"://如果值为新闻列表
```

具体代码
| ```php
include("admin_news_list.php");//则包含 admin_news_list.php 页面
break;
case "添加新闻"://如果值为新闻列表
include("admin_news_add.php");//则包含 admin_news_add.php 页面
break;
case "":
include("admin_login.php");//默认情况下包含 admin_login.php
break;
}
?>
``` |

实例【test10-50】 后台页面 admin_news_class.php 中代码的添加。

具体代码
| ```php
<?php
//添加类别
if(isset($_POST[b1]))//如果提交按钮是添加新闻类别，则执行如下代码
{
$fenlei=$_POST['fenlei'];//获取表单中添加的分类
$sql="insert into  newsclass values(",'$fenlei')"; //插入到新闻分类表中
$result=mysql_query($sql);//执行 sql 语句返回结果集
if($result)
echo "<script>alert('添加成功');location.href='admin_index.php?lb=新闻分类'</script>";
else
echo "<script>alert('添加失败');</script>";
}
?>
<?php
//更新类别
if(isset($_POST[c1]))  /如果提交按钮是更新新闻类别则执行如下代码
{
$fenlei=$_POST['fl'];//获取修改后的类别值
$id=$_POST['id'];//获取 id
$sql="update newsclass set fenlei='$fenlei' where id=$id";//用更新语句更新对应 id 的新闻类别
$result=mysql_query($sql);//执行 sql 语句返回结果集
if($result)
echo "<script>alert('修改成功');location.href='admin_index.php?lb=新闻分类'</script>";
else
echo "<script>alert('修改失败');</script>";
}
?>
<?php
//删除类别
if(isset($_POST[d1]))//如果提交按钮是删除新闻，则执行如下代码
``` |

续表

具体代码
| ```php
{
$fenlei=$_POST['fl'];
$id=$_POST['id'];
$sql="delete from newsclass where id=$id";
$result=mysql_query($sql);
if($result)
echo "<script>alert('删除成功');location.href='admin_index.php?lb=新闻分类'</script>";
else
echo "<script>alert('删除失败');</script>";
}
?>
``` |

实例【test10-51】 后台页面 admin_news_list.php 中代码的添加。

具体代码
| ```php
<?php
//显示新闻列表
error_reporting(E_ERROR);
ini_set("display_errors","Off");//去掉警告错误
include "../conn.php";//包含数据库链接文件
include "fenye.php";//包含分页文件
$page = $_GET['page'];//获取当前所在页码
$sql="select * from newslist";//查询新闻列表
$result=mysql_query($sql);//执行sql语句返回结果集
$num = mysql_num_rows($result);//查询结果集中的记录数
$page_size = 5; //每页显示记录的数目可更改
$sql2 = "select * from newslist order by id desc ".get_limit($page_size);
//按id降序排列
$result2=mysql_query($sql2);
?>
<tbody>
<?php
while($row=mysql_fetch_array($result2)){
//echo $row['fid'];
$sql3="select * from newsclass where id=$row[fid]";
// 从新闻类别表中查询对应的类别
$result3=mysql_query($sql3);
$row3= mysql_fetch_array($result3);
?>
<tr>
<td>
<?=$row3['fenlei']?>
//输出新闻分类
</td>
<td><?=$row['title']?></td>
<td><?=$row['author']?></td>
``` |

具体代码
| ```
<td class="sj"><?=$row['shijian']?></td>
<td><a href="admin_news_alter.php?id=<?=$row['id']?>&fenlei=<?=$row3['fenlei']?>">修改</a><a href="admin_news_delete.php?id=<?=$row['id']?>" onClick="delcfm()">删除</a></td>
</tr>
<?php }?>
 <tr><td colspan="5"><?php echo get_page_list("admin_index.php?lb=新闻列表",$num,$page_size); ?></td></tr>
</tbody>
``` |

实例【test10-52】 后台页面 admin_news_add.php 中代码的添加。

具体代码
| ```
<?php
date_default_timezone_set('PRC');//时差八小时解决方法
//添加新闻
if(isset($_POST[b1]))//如果点击了添加新闻按钮,则执行如下代码
{
$fenlei=$_POST['fenlei'];//获取表单中的分类
$title=$_POST['title']; //获取表单中的新闻标题
$author=$_POST['author']; //获取表单中的新闻作者
$content=$_POST['content']; //获取表单中的新闻内容
$shijian=date("Y-m-d H:i",time()); //获取系统当前的时间并格式化
$sql="insert into  newslist values('','$title','$author','$content','$shijian','$fenlei')";
//插入语句插入表单中获取的新闻到表newslist中
$result=mysql_query($sql);//执行sql语句
if($result)
echo "<script>alert('添加成功');location.href='admin_index.php?lb=添加新闻'</script>";
else
echo "<script>alert('添加失败');</script>";
}
?>
``` |

实例【test10-53】 后台页面 admin_news_delete.php 中代码的添加。

具体代码
| ```
<?php
include "../conn.php";
//删除新闻
$id=$_GET['id'];//获取要删除的新闻的id
$sql="delete from newslist where id=$id";
//删除语句
$result=mysql_query($sql);//执行sql语句
if($result)
``` |
```

续表

具体代码
| ```
echo "<script>alert('删除成功');location.href='admin_index.php?lb=新闻列表'</script>";
else
echo "<script>alert('删除失败');</script>";
?>
``` |

实例【test10-54】   分页 fenye.php 中代码的添加。

具体代码
| ```
<?
/*----分页列表输出函数------------------------------------
$get_var 页面链接
$total_record 总记录数
$page_size 每页记录数

---------------------------------------------------------*/
function get_page_list($get_var,$total_record,$page_size)
{
global $page;
if($total_record!=0){
if(!ereg("\?",$get_var)) $get_var.="?";
if($page=="") $page=1;
if($total_record%$page_size!=0)
$total_page=ceil($total_record/$page_size);
else
$total_page=$total_record/$page_size;
$prepage = $page-1;
$nextpage = $page+1;
echo "共".$total_record."条记录 ".$page."/".$total_page."页 ";
if($prepage>0){
echo "<a href='".$get_var."&total_record=".$total_record."'>首页</a>\r\n";
echo "<a href='".$get_var."&total_record=".$total_record."&page=".$prepage."'>上一页</a>\r\n";
}
for($i=1;$i<=$total_page;$i++)
{
if($i==$page) echo "$i ";
else echo "<a href='".$get_var."&total_record=".$total_record."&page=".$i."'>[".$i."]</a>\r\n";
}
if($nextpage<=$total_page){
echo "<a href='".$get_var."&page=".$nextpage."&total_record=".$total_record."'>下一页</a>\r\n";
echo "<a href='".$get_var."&total_record=".$total_record."&page=".$total_page."'>末页</a>\r\n";}
}
else
{
echo "没任何记录! "; }
``` |

续表

具体代码
| ```
}/*------------------------计算总页数------------------------*/
function get_total_page($total_record,$page_size)
{
return ceil($total_record/$page_size);
}
/*---------------get_limit,返回mysql分页查询时的limit条件-----*/
function get_limit($page_size)
{
global $page;
if($page=="") $page=1;
$limit_start = ($page-1)*$page_size;
return " limit ".$limit_start.",".$page_size." ";
}
?>
``` |

练 习 题

一、填空题

1. PHP 中语句以（   ）结束。
2. PHP 数组用关键字（   ）来命名。
3. PHP 中语句以（   ）结束。
4. 删除表中的某条记录用（   ）语句。

二、操作题

1. 用 while 语句循环输出 200 之内的偶数和。
2. 用类型检测函数检测输入变量的类型。
3. 制作 16 进制的四位随机验证码。
4. 写出连接数据库的代码。
5. 制作简易留言板。
```

参考文献

[1] 赵增敏. PHP 动态网站开发. 北京：电子工业出版社，2009.

[2] 冉兆春. 网页设计与制作案例教程. 北京：人民邮电出版社，2013.

[3] 于天恩. PHP 精通案例教程. 北京：清华大学出版社，2007.

[4] 孙鹏程等. PHP 网络开发详解. 北京：电子工业出版社，2007.

[5] 赵增敏. 动态网站开发从基础到实践. 北京：电子工业出版社，2007.

[6] 张银鹤等. PHP+Ajax 网站开发与实例. 北京：电子工业出版社，2009.

[7] 陈宗斌等. PHP 与 MySQL 基础教程. 2 版. 北京：人民邮电出版社，2007.

[8] 陈浩. 零基础学 PHP. 北京：机械工业出版社，2012.

[9] 明日科技. PHP 从入门到精通. 北京：清华大学出版社，2012.

[10] 王志晓等. 赢在电子商务——PHP+MySQL 电商网站设计与制作. 北京：机械工业出版社，2013.

[11] 高洛峰. 细说 PHP. 北京：电子工业出版社，2012.

[12] 潘凯华等. PHP 开发实战 1200 例. 北京：清华大学出版社，2011.

[13] 辛洪郁等. PHP 项目开发全程实录. 北京：清华大学出版社，2013.